W0254742

Das Titelbild zeigt die Verteilung des Gesamtozons der Atmosphäre über der Südhalbkugel der Erde am 12. Oktober 1986. Der Südpol befindet sich in der Mitte des Bildes, und die Breitenkreise ordnen sich konzentrisch um den Pol. Die farbigen Flächen kennzeichnen mehrere Bereiche des Gesamtozons in Dobson-Einheiten (100 Dobson = 1 mm Schichtdicke Ozon). Die Fläche mit den niedrigsten Werten von 150–200 D überdeckt große Teile der Antarktis in einer Ausdehnung von 1500–3000 km. Diese ungewöhnlich geringen Werte des Gesamtozons sind als sogenanntes Ozonloch bekannt geworden. Die Ozondaten entstammen Messungen mit dem vom Satelliten NIMBUS-7 getragenen UV-Spektrometer des Experiments TOMS (Total Ozone Mapping Spectrometer).

Ozon – Sonnenbrille der Erde

U. FEISTER

Mit 66 Abbildungen

BSB B. G. Teubner Verlagsgesellschaft
Leipzig 1990

Kleine Naturwissenschaftliche Bibliothek · Band 70
ISSN 0232-346X

Autor:
Dr. rer. nat. Uwe Feister
Meteorologischer Dienst der DDR, Potsdam

Feister, Uwe :
Ozon – Sonnenbrille der Erde / U. Feister. –
1. Aufl. – Leipzig : BSB Teubner, 1990. –
156 S. : 66 Abb., 14 Tab.
(Kleine Naturwissenschaftliche Bibliothek ; 70)
NE : GT

ISBN 978-3-322-00763-6   ISBN 978-3-322-96430-4 (eBook)
DOI 10.1007/978-3-322-96430-4

VLN 294-375/94/90 · LSV 1469
Lektor: Dipl.-Meteor. Christine Dietrich

Gesamtherstellung: INTERDRUCK
Graphischer Großbetrieb Leipzig III/18/97
Bestell-Nr. 666 589 2
DDR 8,80 M

Vorwort

Wer kennt ihn nicht, den Namen *Ozon*? Mehr als ein Jahrhundert lang war dieses Wort für viele Menschen verbunden mit dem Gedanken an gesunde Waldluft. In der jüngsten Vergangenheit ist diese wohl nicht gerechtfertigte Assoziation durch das Stichwort „Spraydosen" verdrängt worden, weil deren Treibgase zu einer Gefahr für den Ozongehalt der Atmosphäre geworden sind. Inzwischen ist die Rolle des Ozons als Luftbestandteil längst nicht mehr nur Gegenstand wissenschaftlicher Diskussionen unter Experten, sondern sie fand zunehmend öffentliches Interesse. Die menschliche Gesellschaft verfügt heute über das wissenschaftliche und technische Potential, nachhaltig und entscheidend in den globalen Spurengashaushalt der Atmosphäre einzugreifen und so ungewollt nachteilige Konsequenzen für die Existenz des Menschen zu erzeugen. Die Kenntnisse über die Zusammenhänge zwischen Ozonhaushalt der Atmosphäre und Umwelt sind inzwischen so weit vorangeschritten, daß die Maßnahmen zur weiteren Erforschung des Ozonhaushaltes und zur Erhaltung des natürlichen Gleichgewichts zwischen Ozonbildung und -zerstörung Gegenstand internationaler staatlicher Vereinbarungen geworden sind. Das kann auch nicht anders sein, denn die in der Atmosphäre vor sich gehenden physikalischen und chemischen Prozesse machen an den Staatsgrenzen nicht halt, ihre Beschreibung und Beeinflussung durch uns erfordern eine internationale wissenschaftliche und technische Kooperation.

Zahlreiche Anfragen an die Redaktionen von Zeitungen und Zeitschriften zeigen, daß das allgemeine Interesse an dem Spurengas Ozon, seiner Rolle als Atmosphärenbestandteil und Umweltfaktor gewachsen ist. Dem Wunsch nach Information über den Zusammenhang zwischen Ozon, anderen atmosphärischen Spurengasen, den Strahlungsprozessen in der Atmosphäre und der Biosphäre soll das vorliegende Büchlein Rechnung tragen. Es versucht, die Grundlagen für die Beantwortung solcher Fragen darzustellen wie: Was ist Ozon, wie entsteht es, wie wird es zerstört? Ist Waldluft wirklich reich an Ozon? Welche Eigenschaften hat das Ozon, und welche Funktionen übt es in der Atmosphäre aus? Was hat Ozon mit der Entstehung des Lebens zu tun? Schützt Ozon das Leben auf der Erde, oder ist es schädlich? Wie gefährlich sind Spraydosen für das atmosphärische Ozon? Wird Ozon auch künstlich produziert und angewendet? Welche Konsequenzen könnte eine Änderung des Ozongehaltes der Atmosphäre für das Leben auf der Erde haben? Was hat Ozon mit der Hautbräunung und der Entstehung von Hautkrebs zu tun? Was wird getan, um den Einfluß der Tätigkeit des Menschen auf den Ozongehalt zu erkennen und nachteilige Folgen zu verhindern? Was hat es mit dem antarktischen „Ozonloch" auf sich?

Nicht immer lassen sich erschöpfende Antworten auf die Fragen finden. Oft wirft die Erklärung eines Zusammenhangs eine Reihe weiterer Fragen auf. Die nachfolgenden Kapitel können nur eine Bestandsaufnahme der auf den betreffenden Gebieten vorhandenen Kenntnisse und der noch offenen Probleme, Kenntnislücken und Unsicherheiten sein. Sie soll den Leser in die Lage versetzen, Zusammenhänge selbst zu bewerten und die ihn interessierenden Fragen selbst zu beantworten.

Die Entwicklung der Ozonforschung, die auch in diesem Buch beleuchtet wird, zeigt, daß sich die Erforschung des Ozonhaushaltes von einem Gebiet der reinen Grundlagenforschung insbesondere in den letzten beiden Jahrzehnten zu einem Gebiet der Umweltforschung gewandelt hat. Es ist verständlich, daß viele Jahre lang – wie so oft in der Grundlagenforschung – die Fragen Unbeteiligter nach dem Sinn und dem Nutzen solcher Untersuchungen nicht abrissen. Aber ohne die jetzt vorhandenen Kenntnisse über die in der Atmosphäre ablaufenden physikalischen und chemischen Prozesse wären wir nicht in der Lage, die für die Umwelt nachteiligen Folgen der Tätigkeit des Menschen vorherzusehen und rechtzeitig Maßnahmen einzuleiten, um diese Folgen zu verhindern.

Bei weiter wachsender Zahl der auf der Erde lebenden Menschen und gleichzeitig zunehmendem Bedarf an Energie, Nahrungsmitteln und anderen Produkten wird das Streben der Menschheit darauf gerichtet sein müssen, im Interesse der langfristigen Erhaltung und Verbesserung der Lebensqualität vor allem abproduktarme und abproduktfreie Verfahren zur Energieumwandlung und in der landwirtschaftlichen und industriellen Produktion zu entwickeln und einzusetzen, durch die nachteilige Konsequenzen für die Umwelt ausgeschlossen werden. Eine wichtige Rolle spielen auch Maßnahmen zur Einsparung und sinnvollen Nutzung von Rohstoffen und Energie. Die Entwicklung und Anwendung solcher Verfahren beansprucht i. allg. erhebliche finanzielle und materielle Mittel. Oft sind innerstaatli-

4

che gesetzliche Regelungen oder – sofern die Umweltbeeinflussung von größerem räumlichem Ausmaß ist – international abgestimmte Vereinbarungen erforderlich, um auf der Grundlage des wissenschaftlichen Kenntnisstandes die zum Schutz der Umwelt notwendigen Maßnahmen zu treffen. Je besser jeder einzelne über die möglichen Einflüsse der Tätigkeit des Menschen auf die Umwelt informiert ist, je besser er die Folgen seines Handelns erkennt, um so besser ist er in der Lage, einen Beitrag zur Erhaltung unserer natürlichen Umwelt zu leisten.

Potsdam, im März 1989   *Uwe Feister*

Inhalt

1. Von der Entdeckung des Ozons bis zu Satellitenmessungen

1.1. Entdeckung des Ozons

Der durchdringende, stechende Geruch war es, der zur Entdeckung des Ozons führte und dem es seinen Namen verdankt. Schon vor etwa 2600 Jahren erwähnte der griechische Dichter Homer in seiner Odyssee diesen typischen, zuerst dem Schwefel zugeschriebenen Geruch, der oft nach Blitzeinschlägen wahrgenommen wurde. So heißt es im 12. Kapitel, Vers 417, in der Erzählung des Odysseus, gerichtet an Alkinoos, daß Zeus, nachdem Odysseus' Genossen 6 Tage lang die Kinder der Sonne verzehrt und Trinakria verlassen hatten, mit dem Blitz in das Schiff einschlug, „daß es, getroffen vom Strahle des Zeus, rings wirbelnd sich drehte, ganz voll von Schwefelgeruch".
Der Geruch trat aber nicht nur in der Natur auf. Im Jahre 1785 bemerkten die holländischen Forscher Martin von Marum (1750–1837) und Adrian Paets van Troostwijk (1752–1857), daß die Luft bei der Bildung elektrischer Funken in der Umgebung

Abb. 1. Christian Friedrich Schönbein (1799–1868)

von Elektrisiermaschinen ebenfalls diesen eigenartigen Geruch annimmt. Andere Wissenschaftler, wie William Cruickshanks (1745–1800), der Mediziner und Chemiker Jöns Jacob Berzelius (1779–1848) und der englische Arzt Tiberio Cavallo, berichteten über das Auftreten eines solchen Geruchs bei der Elektrolyse von Wasser und der Oxydation von Quecksilber. Seinen Namen verdankt das Ozon dem deutschen Chemiker Christian Friedrich Schönbein (1799–1868). Schönbein, der in Metzingen, einem kleinen schwäbischen Ort südlich von Stuttgart im damaligen Herzogtum Württemberg, geboren wurde, arbeitete seit dem Ende des Jahres 1828 bis zu seinem Tode als Professor für Physik und Chemie an der Universität Basel. Er wurde nicht nur durch seine Arbeiten über das Ozon bekannt, sondern erfand 1846 mit einfachsten experimentellen Mitteln die Schießbaumwolle und 1847 durch deren Auflösung in Alkohol und Äther den später als Kollodium bezeichneten Wundverband. Seine 343 wissenschaftlichen Abhandlungen in 837 Ausgaben geben Zeugnis von seinem außerordentlichen Fleiß und seiner Besessenheit als Forscher. Freundschaften und ein reger Briefwechsel verbanden ihn mit bedeutenden Physikern und Chemikern seiner Zeit wie Michael Faraday (1791–1867), Justus v. Liebig (1803–1873), William Robert Grove (1811–1896) und J. v. Berzelius (1779–1848).

Im Gegensatz zu seinem Engagement als Forscher hatte Schönbein, der von 1823–1825 als Lehrer für Physik, Chemie und Mineralogie an der von Friedrich Fröbel gegründeten Allgemeinen Deutschen Erziehungsanstalt in Keilhau in Thüringen wirkte, für die Lehrtätigkeit kein großes Interesse. So berichtet Prandtl über seine Baseler Zeit: „Wenn Schüler bei ihm arbeiten wollten, so zog er sie nur zu ganz untergeordneten Hilfeleistungen heran: Gefäße spülen, Tinte bereiten, Terpentinöl auf dem Hofe in der Sonne mit Luft schütteln, das waren die gewöhnlichsten Aufgaben, seltener die Herstellung einfacher chemischer Präparate wie Salzsäure, Chlor, Sauerstoff oder Schwefelwasserstoff. Auf diese Weise hat er die jüngeren Leute gar bald von dem Wunsche geheilt, bei ihm im Laboratorium arbeiten zu dürfen, und er konnte wieder ungestört seinen Forschungen obliegen, die er alle ganz allein ausgeführt hat."

Bei seinen Experimenten stellte Schönbein einen stechenden Geruch fest, und er sandte am 10. April 1840 an die Bayrische Akademie der Wissenschaften in München einen Bericht mit dem Titel „Beobachtungen über den bei der Elektrolyse des Wassers und dem Ausströmen der gewöhnlichen Elektrizität aus Spitzen sich entwickelnden Geruch". Auf Vorschlag seines Freundes, des Baseler Professors für altgriechische Sprache, Wilhelm Vischer, hatte er dem Gas, das diesen Geruch verursachte, im Jahre 1839 den Namen *Ozon* gegeben, abgeleitet von dem griechischen Wort ὄζειν ≙ riechen. Schönbein glaubte zunächst, daß das Ozon nur in Gegenwart von Stickstoff und Feuchtigkeit entstehe. Diese Annahme wurde hinfällig, als Nicolaus Wolfgang Fischer (1782–1850), Vorgänger Robert Bunsens in Breslau, im Jahre 1844 und die beiden Forscher Jean Charles Galisard de Marignac (1817–1894) und Auguste Arthur de la Rive (1801–1873) im Jahre 1845 in Genf zeigten, daß Ozon bei elektrischer Entladung aus reinstem Sauerstoff gebildet wird, also nur aus einer Form des Sauerstoffs bestehen kann. Die Vermutung, daß das Molekül des Ozons aus 3 Sauerstoffatomen besteht, während das gewöhnliche Sauerstoffmolekül nur 2 Atome hat, wurde erstmalig ein Jahr später von Thomas Sterry Hunt (1826–1892) ausgesprochen, der zu dieser Zeit als Assistent am Yale College in New Haven (Connecticut) tätig war.

Schönbein vertrat die Ansicht, daß es zwei tätige Zustände des aktiven Sauerstoffs gebe, und bezeichnete sie 1858 als *Ozon* ⊖ und *Antozon* ⊕. Obwohl er selbst bei seinen Experimenten immer wieder Beobachtungen machte, die das Vorhandensein des Antozons sehr zweifelhaft erscheinen ließen, hielt er doch daran fest. Erst nach dem Tode Schönbeins im Jahre 1896 wurde von Carl Engler (1842–1925) und seinem Kollegen Wild die Antozontheorie Schönbeins eindeutig widerlegt und gezeigt, daß das Antozon Schönbeins nur gasförmiges Wasserstoffsuperoxid ist.

Die erste Methode zum chemischen Nachweis des Ozons in der Luft entwickelte ebenfalls Schönbein. Nachdem er 1850 entdeckt hatte, daß Ozon mit Kaliumiodid (KI) chemisch reagiert und dabei Iod freisetzt, tränkte er rotes Lackmuspapier mit Stärkekleister, dem Kaliumiodid zugesetzt war. Die so hergestellten Testpapierstreifen wurden am Ort der Messung mit destilliertem Wasser angefeuchtet und für etwa 12 Stunden der Luft ausgesetzt. Durch Reaktion mit dem in der Luft enthaltenen Ozon färbten sich die Papierstreifen blau, und der Vergleich mit einer 10stufigen Blauskala ergab ein Maß für die Ozonkonzentration der Luft. Leider wurden die Messungen durch veränderliche Luftfeuchte, Luftbewegung, das Vorhandensein anderer Oxidantien und das zufällige Einfallen von Sonnenlicht gestört. Mit diesen als *Ozonometer* von Schönbein eingeführten Testpapieren und anderen ähnlichen Papieren wurden in der zweiten Hälfte des vorigen Jahrhunderts an mehr als 300 Stationen in Australien, Belgien, Deutschland, England, Frankreich, Nordamerika, Österreich und Rußland unzählige Ozonmessungen durchgeführt. Zwei sehr lange Testpapiermeßreihen sind die von Wien

Tabelle 1. Einige „Teststreifenmeßreihen" des bodennahen Ozons. Die Skalenwerte (Blauskala) wurden nachträglich von Bojkov (1986) in absolute Näherungswerte des Partialdrucks des Ozons umgerechnet

Ort	Zeit-raum	Mittlere Konzen-tration in mPa	Ort	Zeit-raum	Mittlere Konzen-tration in mPa
Berlin	1853–1855	1,9	Lodz	1855–1856	2,1
Emden	1857–1873	1,8	Paris	1865–1875	1,7
Gotha	1868–1870	2,6	Prag	1854–1857	1,1
Klagenfurt	1854–1873	2,1	Salzburg	1855–1857	3,2
Königsberg	1852–1865	2,1	Strasbourg	1854–1864	2,3
Krakow	1853–1873	2,3	Szeged	1855–1856	2,4
Kremsmünster	1854–1855	2,7	Wien	1854–1920	1,6
Leipzig	1868–1870	2,2	Zwickau	1866–1870	1,7

(1854–1920) und von Athen (1901–1940) (Abb. 2 und 3). Auffällig ist, daß die Ozonwerte von Athen parallel zur Häufigkeit des Lufttransports in meridionaler Richtung verlaufen. Es liegt die Vermutung nahe, daß höhere Ozonwerte durch einen verstärkten Transport ozonreicher Luft von Nord nach Süd bedingt sind. Die erste lange Reihe quantitativer chemischer Ozonmessungen wurde durch das Pariser Observatorium im Park Montsouris, nahe dem jetzigen Pariser Stadtzentrum, von 1876–1907 mit einer von M. P. Thenard 1872 entwickelten Methode erhalten. Bei dieser Methode wird Arsenit (AsO_3^{3-}) durch das Ozon der Luft in Arsenat (AsO_4^{3-}) umgewandelt. Aus dem verbrauchten Arsenit läßt sich die Ozonkonzentration berechnen. Die erst vor wenigen Jahren wiederentdeckten Ozonmessungen von Montsouris zeigen in diesem Zeitraum eine schwache Zunahme des Partialdrucks von 0,015 ± 0,013 mPa pro Jahr (Maßeinheiten im Anhang), das ist rund 1 % pro Jahr (Abb. 4).
Wenn auch die ersten Ozonmessungen des vorigen Jahrhunderts mit vielen Unsicherheiten behaftet waren, so brachten sie doch einige wertvolle Erkenntnisse über die räumliche und zeitliche Ozonverteilung in Erdbodennähe. So fand man im Freien höhere Ozonwerte als in geschlossenen Räumen und im Gebirge höhere als im Flachland. Die geringsten Ozonkonzentrationswerte wurden in der Nähe menschlicher Siedlungen gemessen. Möglicherweise ist die noch heute gelegentlich geäußerte Ansicht der „ozonreichen Waldluft" auf diese frühen Beobachtungen zurückzuführen. Die ersten Messungen zeigten

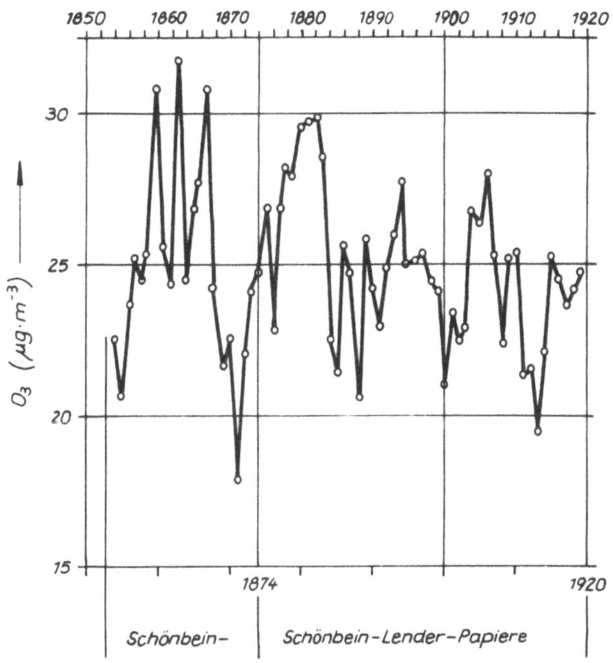

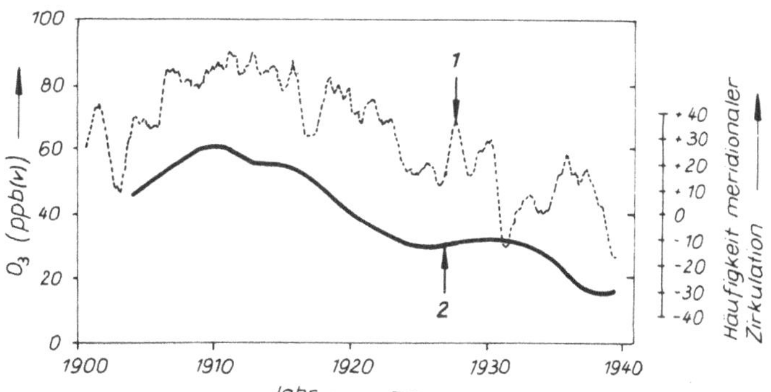

Abb. 3. Bodennahes Ozon in Athen, 1901–1940 (12monatlich gleitende Mittelwerte) *(1)* und Häufigkeit der meridionalen Zirkulation *(2)* (Mariolopoulos u. a., 1985)

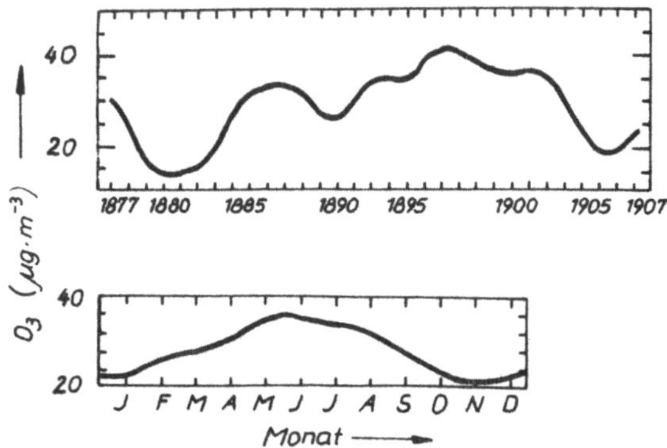

Abb. 4. Bodennahes Ozon in Montsouris (Paris), 1877–1907, und mittlerer Jahresgang (1 mPa ≙ 2,1 µg · m⁻³) (Bojkow, 1986)

auch eine Zunahme der Ozonkonzentration bei Gewitter und einen Jahresgang des Ozons mit höchsten Werten im Frühjahr/ Frühsommer und mit geringsten im Herbst.

Ein erster Versuch, die Ozonkonzentration in größeren Höhen über dem Erdboden zu messen, wurde von James Glaisher (1809–1903) und Henry Coxwell am 5. September 1862 in Wolverhampton in England unternommen. Die eindrucksvolle Schilderung der Ballonfahrt der beiden Forscher, wiedergegeben von K. Lender im Jahre 1873, läßt das Abenteuer dieser Unternehmung erahnen.

„Um 1 Uhr 3 Minuten Nachmittags stiegen wir auf ... zehn Minuten nach unserer Abfahrt schwammen wir in einem undurchdringlichen Wolken-Chaos. Allmählig lichtete sich die Finsternis, bis wir um 1 Uhr 17 Minuten uns auf einmal von blendendem Sonnenglanz überflutet sahen.

Um 1 Uhr 21 Minuten hatten wir eine Höhe von 3216 Meter erreicht. Wir waren folglich mit einer durchschnittlichen Geschwindigkeit von 210 Meter in der Minute gestiegen. Aber nun begann sich auch die Erde wiederum durch die mannigfachen Zwischenräume zu zeigen, welche bei unserer fortgesetzten Auffahrt in den Wolken hervortraten.

Die Temperatur war auf Null gesunken und die Luft ausserordentlich trocken. Um 1 Uhr 28 Minuten hatten wir uns auf 4800 Meter, also fast zur Höhe des Montblanc erhoben. Es war das Werk von 25 Minuten. Aber wie viele Mühen und wie viele Zeit würde der Alpensteiger haben daran setzen müssen, um das gleiche Ziel zu erreichen! Wir fühlten keinerlei Beschwerden und hätten stundenlang in dieser Höhe schweben können, wenn wir nicht den Ehrgeiz gehabt hätten, noch weiter zu steigen. Die Luftschichten um uns her enthielten wenig Ozon. Schönbein's reagirendes Papier zeigte sogar Null. Um 1 Uhr 34 Minuten bemerkte ich, daß Coxwell allmählig ermattete. Kein Wunder, denn er war während der ganzen Zeit mit der Lenkung und Überwachung des Ballons beschäftigt gewesen. Um 1 Uhr 39 Minuten erreichten wir 6437 Meter, d.h. die Höhe des Chimborasso. Das Thermometer zeigte 13 Grad C unter Null. Wir warfen rasch Sand aus, und 10 Minuten genügten uns, um weiter bis zur Höhe des Dhawalagiri aufzusteigen. Eine Kälte von 19 Grad C (Etwas über 15 Grad R.) umgab uns. Wir waren bis zu derjenigen Temperatur gelangt, in welcher die englischen Physiker für gewöhnlich die Grenze der thermometrischen Excursionen (sehr seltene Winter ausgenommen) erblicken. Kaum dreiviertel Stunden früher hatten wir noch auf fester Erde die milde Luft geathmet, um dessentwillen Altenglands Herbsttage so gepriesen werden.

Bis jetzt hatte ich meine Bemerkungen ohne Schwierigkeit niedergeschrieben, während meinen Begleiter, wie schon gesagt, die Kräfte zu verlassen begannen. Es dauerte jedoch nicht lange, so ward es mir selbst unmöglich, die Quecksilbersäule des Thermometers, die Zeiger der Uhr oder die Gradtheilungen irgend eines meiner Instrumente zu erkennen. Ich bat Coxwell, mir behülflich zu sein, allein infolge der wirbelnden Bewegung des Ballons, welche seit unserer Fahrt nicht aufgehört hatte, war das Seil des Ventils in Verwirrung gerathen, und Coxwell musste daher aus der Gondel auf den Reifen steigen, um dasselbe wieder zu ordnen. Ich wendete meine Aufmerksamkeit von Neuem dem Barometer zu. Aber es galt, alle Energie der Seele gleichsam im Auge zusammenzudrängen, bis ich mich endlich aus dem Stande des Instrumentes überzeugte, dass wir die ungeheure Höhe von 11,000 Meter oder 36,672 Pariser Fuß erreicht hatten.

Erschöpft wollte ich mich mit dem rechten Arm auf den Tisch stützen. Ich vermochte es nicht. Dieser Arm, der soeben noch seine ganze Stärke besass, hing machtlos wie gebrochen herab. Ich versuchte den linken Arm zu gebrauchen, auch er war in gleicher Weise gelähmt. Ich suchte nun den Körper zu bewegen, wiewohl ich eine Empfindung hatte, als besässe ich keine Glieder mehr ... Coxwell's Gestalt verschwamm mir zum Schatten, und als ich versuchte mit ihm zu sprechen, versagte selbst die Zunge den Dienst. Gleich darauf umhüllte mich düstere Finsternis, der Sehnerv hatte seine Kraft verloren. Dennoch besass ich die vollste geistige Klarheit, und mein Hirn war eben so thätig wie jetzt, da ich diese Zeilen schreibe. Ich glaubte, nur ein augenblickliches Verlassen der todbringenden Regionen könne mich retten. Zugleich drängte sich eine Menge anderer Gedanken heran, plötzlich aber verdunkelte sich mein Bewusstsein, wie wenn ein tiefer Schlaf mich umfinge. Vom Gehörsinn kann ich nicht sprechen: denn das Schweigen, welches in jenen Fernen herrscht, ist ein so tiefes, dass kein Laut mehr das Ohr erreicht.

Meine letzte Notiz machte ich 1 Uhr 54 Minuten in einer Höhe von 36,632 Pariser Fuss. Ich glaube es vergingen eine oder zwei Minuten, ehe meine Augen aufhörten, die kleinen Eintheilungen des Thermometers zu sehen, und es war sonach höchst wahrscheinlich 1 Uhr 57 Minuten, als ich in den Schlaf versank, der ewig sein konnte.

Plötzlich hörte ich die Worte „Temperatur" und „Beobachtung". Ich merkte, dass Coxwell mit mir sprach. Aber ihn zu sehen, vermochte ich nicht, und noch weit unmöglicher war es mir, ihm zu antworten oder mich zu bewegen. ‚Versuchen sie es jetzt!' rief er mir zu, ‚Versuchen sie es!' Ich erkannte nun ordentlich die Instrumente, bald auch die anderen Gegenstände, und jetzt erhob ich mich schwer und langsam, wie wenn ich einen Alp abschüttelte. ‚Ich war ohnmächtig geworden', sagte ich. ‚Allerdings', antwortete Coxwell, ‚und es hätte nicht viel gefehlt, so wäre ich es auch geworden.' Er erzählte mir nun, dass er den Gebrauch seiner Hände verloren, und dieselben waren in der That fast schwarz geworden. Während er auf dem Reifen gesessen, war er plötzlich von einer furchtbaren Kälte gepackt worden, zugleich hatte sich dickes Eis auf den Stricken und um die Mündung des Ballons abgelagert. Ausser Stande, sich seiner Hände zu bedienen, musste er sich auf den Ellbogen in die Gondel herabgleiten lassen, und als er mich hier zurückgelehnt sitzen sieht, in den Zügen den Ausdruck heiterer Ruhe, glaubt er, ich sammle mich eben, und redet mich an. Aber ich schweige; mein Kopf und meine Arme hängen herab; ich liege in tiefer Ohnmacht. Er versucht umsonst, sich mir zu nähern. Nun will er schleunig das Ventil öffnen, um den Ballon in mildere Regionen hinabzuführen. Doch die starren Hände widerstreben, und erst als es ihm gelingt, das Seil mit den Zähnen zu fassen, vermag er des Ventils Herr zu werden.
Meine letzte Notiz verzeichnete ich im Fallen bei 8838 Meter. Dies ist (bis auf 2 Meter) die Höhe der erhabensten Bergspitze der Erde, des Ganrisenkar in Nipal, zu dessen Fuss die brahmanischen Pilger emporklimmen, um dort, der Gottheit nahe, zu sterben."

Glaisher und Coxwell gelang es bei diesem Aufstieg zwar nicht, die vertikale Ozonverteilung zu messen, aber der Aufstieg ohne Atemgeräte in die damalige Rekordhöhe von 11 km, in der nur noch rund 30 % des normalen Sauerstoffangebotes zum Atmen zur Verfügung stehen, ist eine außerordentliche physische Leistung. Es sollten 72 Jahre vergehen, bis es gelang, die vertikale Ozonverteilung durch unbemannte Ballonaufstiege zu messen.

1.2. Optische Nachweise des Ozons

Neue Erkenntnisse über die Verteilung des Ozons in der Atmosphäre der Erde kamen in der zweiten Hälfte des vorigen Jahrhunderts unerwartet aus einer ganz anderen Richtung als der direkten chemischen Messung. Im Zeitraum 1878–1879 photographierte der Physiker Marie Alfred Cornu (1841–1902) auf hohen Bergen das Spektrum der Sonnenstrahlung mit Hilfe eines Spektrographen. Er fand, daß der kurzwellige Teil des ultrevioletten Strahlungsanteils mit Wellenlängen $\lambda < 290$ nm (1 nm = 10^{-9} m) den Erdboden nicht erreicht. Daß sich an den Bereich des sichtbaren Lichts zu kürzeren Wellenlängen hin der unsichtbare ultraviolette Spektralanteil anschließt, war erst fast 80 Jahre vor dieser Entdeckung im Jahre 1801 durch Johann Wilhelm Ritter (1776–1810) gefunden worden. Der Physiker Joseph Fraunhofer (1787–1826) hatte dann 1814 fast 600 Linien in diesem Spektralbereich entdeckt, die durch Absorption in der Sonnenatmosphäre selbst erzeugt werden. Im Gegensatz dazu fand Cornu aber, daß der Abbruch des Sonnenspektrums bei 290 nm nicht in der Sonnenatmosphäre entsteht, sondern seine Ursache in der Atmosphäre der Erde zu suchen ist.

Sir Walter Noel Hartley (1846–1913), Professor für Chemie in Dublin, photographierte in dieser Zeit im Labor durch ozonisierten Sauerstoff hindurch und entdeckte 1880 eine kräftige Absorptionsbande im fraglichen Spektralbereich, die er dem Ozon zuschrieb und die später nach ihm benannt wurde (Abb. 5). Die genauen Absorptionskoeffizienten bestimmte dann Edgar Meyer im Jahre 1903. Im Zentrum der *Hartley-Bande* (220–320 nm) des Ozons bei 255 nm ist die Absorption so stark, daß bereits eine

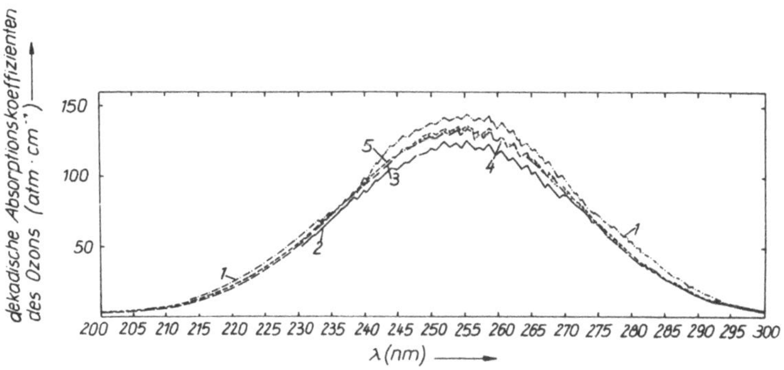

Abb. 5. Dekadische Absorptionskoeffizienten des Ozons im Bereich der Hartley-Bande nach verschiedenen Autoren
1 Nytsi-Ze, Choong Shin Piaw (1933) (–·–); *2* Vigroux (1953) (—); *3* Inn, Tanaka (1959) (– –); *4* Bass, Paur (1985) (···); *5* Molina Molina (1986) (- - -)

Ozonmenge von 0,022 mm Schichtdicke die UV-Strahlung zu 50 % absorbiert, bei einer Ozonschicht von 0,15 mm Dicke bereits zu 99 %. Der Ozongehalt in der Atmosphäre der Erde ist mit etwa 3 mm Schichtdicke um das 130fache bzw. 20fache größer als diese Werte.

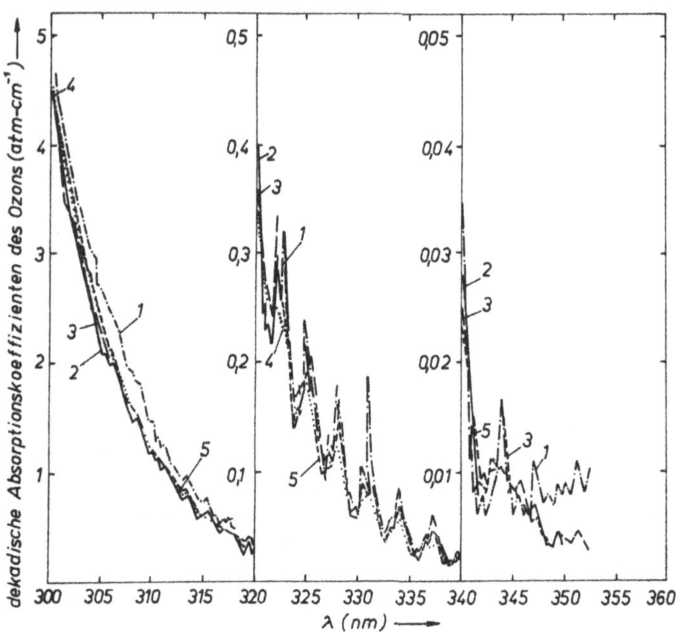

Abb. 6. Dekadische Absorptionskoeffizienten des Ozons im Bereich der Huggins-Bande
Legende s. Abb. 5

Bereits 2 Jahre nach der Entdeckung Hartleys fand der französische Physiker James Chappuis (1854–1934), daß das Ozon auch die Strahlung im sichtbaren Spektralbereich schwächt (Abb. 7). Da die Schwächung im Bereich des Orange bei 600 nm am stärksten ist, schlußfolgerte Chappuis – wie übrigens auch Hartley –, daß die blaue Farbe des Himmels durch das atmosphärische Ozon erzeugt wird. John William Strutt (1842–1919), besser bekannt als Lord Rayleigh, gelang es dann später zu zeigen, daß die direkte Sonnenstrahlung an den Luftmolekülen gestreut wird, d. h. nach allen Richtungen hin abgelenkt wird, und daß die Intensität der Streuung umgekehrt proportional der 4. Potenz der Wellenlänge ist:

$$\beta \sim \lambda^{-4}.$$

So wird Strahlung kurzer Wellenlängen (blau) stärker gestreut als Strahlung längerer Wellenlängen (rot). Dieser λ^{-4}-Abhängig-

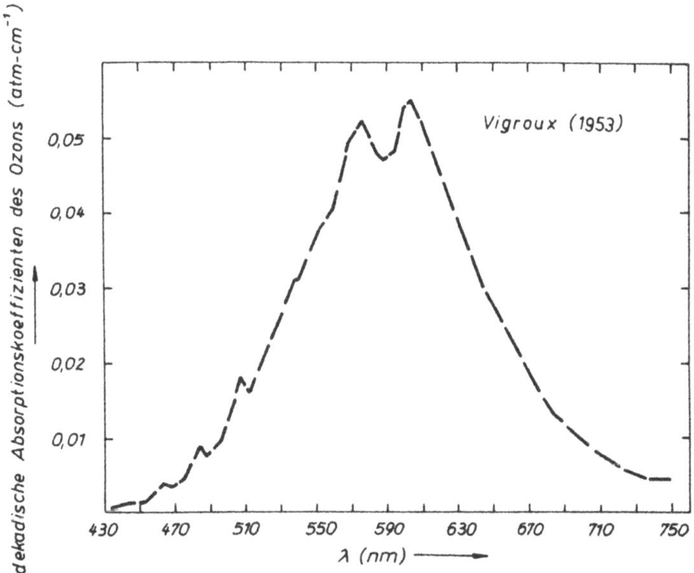

Abb. 7. Dekadische Absorptionskoeffizienten des Ozons im Bereich der Chappuis-Bande (Vigroux, 1953)

keit ist auch die rötliche Färbung des Sonnenlichts bei langem Strahlweg durch die Atmosphäre, also am Morgen und am Abend, zuzuschreiben, die von Fotoamateuren gern als Gestaltungsmittel eingesetzt wird. In diesem Fall wird allerdings auch die Absorption durch das Ozon auf Grund des langen Strahlungsweges wirksam. Sie verursacht eine intensive Blaufärbung des Erdschattens am östlichen Teil des Himmels nach Sonnenuntergang. Die Schwächung der Strahlung im Bereich der *Chappuis-Bande* ist um mehrere Größenordnungen geringer als im Bereich der Hartley-Bande. Die Abb. 8 zeigt den Anteil der durchgelassenen Strahlung (Transmission) in Abhängigkeit von der Wellenlänge für senkrecht durchgehende Strahlung und verschiedene Schichtdicken des Ozons. Während bei einer Ozonschichtdicke von 3 mm — entsprechend der mittleren in der Atmosphäre auftretenden Ozonmenge von 300 D — im sichtbaren Bereich bei 600 nm noch etwa 96 % der Strahlung durchgelassen werden, ist die Transmission für Wellenlängen $\lambda < 290$ nm praktisch gleich Null. Die Maßeinheit *Dobson* mit dem Kurzzeichen D wurde zu Ehren von G. M. B. Dobson als Einheit des Ge-

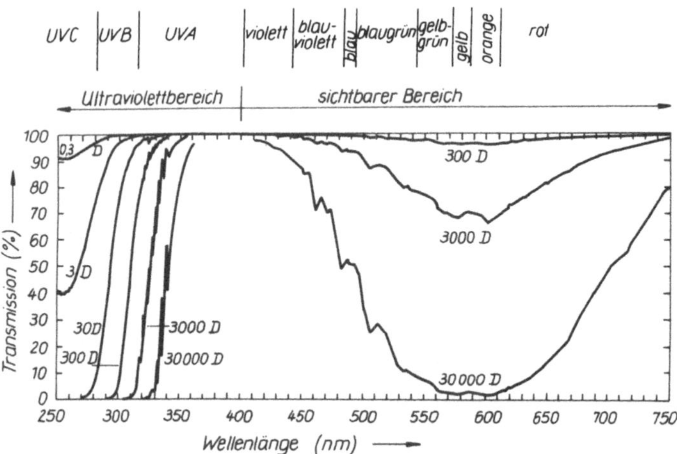

Abb. 8. Transmission der direkten Strahlung für verschiedene Ozonmassen. Der mittlere Ozonwert in der Atmosphäre beträgt 300 D

samtozongehalts verwendet. Dabei entspricht 1 mm Schichtdicke 100 D (s. Anhang).

Der englische Astronom William Huggins (1824–1910) entdeckte im Jahre 1890 bei der Beobachtung des Sterns Sirius, dem hellsten Fixstern des Himmels im Sternbild „Großer Hund", eine Gruppe von 6 Absorptionsmaxima im Spektralbereich von 320–340 mm. Er erkannte jedoch nicht, daß das Ozon der Erdatmosphäre dafür verantwortlich ist. Die Physiker Rudolf W. Ladenburg (1882–1952) und W. Lehmann beobachteten diese Absorptionsbanden im Spektrum des Ozons im Labor, identifizierten sie jedoch nicht mit den Beobachtungen von Huggins. Erst A. Fowler und Lord Rayleigh bemerkten im Jahre 1917 die Ähnlichkeit der „Sirius-Banden" mit den Absorptionsbanden des Ozons, die später nach ihrem Entdecker als *Huggins-Banden* bezeichnet wurden (s. Abb. 6).

Verschiedene Forscher versuchten durch Messungen der Sonnenstrahlung von hohen Bergen oder vom Ballon aus eine Verschiebung der Abbruchgrenze des Sonnenspektrums zu kürzeren Wellenlängen hin zu finden. Aber selbst bis in eine Höhe von 9 km, in die der deutsche Meteorologe Albert Wigand (1882–1932) im September des Jahres 1912 mit dem Ballon aufstieg, zeigte sich diese Verschiebung nicht, so daß zu Recht vermutet wurde, daß die Hauptmasse des atmosphärischen Ozons in noch größerer Höhe liegen müßte.

Den Grundstein für die modernen optischen Messungen des atmosphärischen Ozons legten die französischen Physiker Charles Fabry (1867–1945) und Henri Auguste Buisson durch ihre Laborexperimente und die Entwicklung eines Spektrographen, mit dem sie erstmalig im Mai/Juni 1920 in Marseille durch Messung der Sonnenstrahlung in zwei schmalen Wellenlängenintervallen im ultravioletten Spektralbereich den Gesamtozongehalt der Atmosphäre bestimmten. Ein Jahr nach diesen Messungen gründete F. W. Paul Götz (1891–1954) in dem kleinen Gebirgsort Arosa in den Schweizer Alpen, mehr als 1 800 m über dem Meeresspiegel, das Lichtklimatische Observatorium. In dieser Einrichtung sollte ursprünglich die Wirkung der UV-Strahlung der Sonne und des Klimas auf den kranken Organismus des Menschen untersucht werden. Auf Grund des engen Zusammenhangs zwischen dem Ozon und der UV-Strahlung wandte sich Götz bald auch der Ozonmessung zu. Er bestimmte aus Messungen, die er in Arosa von 1921–1924 ausführte, erstmals den Jahresgang des atmosphärischen Gesamtozongehaltes, der ein Maximum im Frühjahr und ein Minimum im Herbst aufweist.

1.3. Erfindung des Dobson-Spektrophotometers

Zu Beginn der 20er Jahre begannen auch in England Forschungsarbeiten, die neue Kenntnisse über das Ozon der Atmosphäre erbrachten. Einen entscheidenden Anteil daran hatte G. M. B. Dobson. Gordon Miller Bourne Dobson (1889–1976) lehrte seit 1920 an der Universität von Oxford auf dem Gebiet der Meteorologie. Zusammen mit F. A. Lindemann beobachtete er in der Atmosphäre verglühende Meteore. Aus Richtung und Geschwindigkeit der Meteore schlossen sie, daß in der mittleren Atmosphäre in etwa 50 km Höhe die Temperatur wieder auf etwa 300 K (27 °C) ansteigen müsse. Diesen Temperaturanstieg begründeten sie richtig als Folge der Absorption der Sonnenstrahlung durch das atmosphärische Ozon. Dobson erinnerte sich später, daß die Entdeckung sogar in den englischen Tageszeitungen erwähnt wurde. In einer Pressenotiz hieß es, daß es gar nicht nötig wäre, zur Riviera zu fahren, wenn die Temperatur über England in einer Höhe von 30 Meilen ebenso hoch sei.
Die Temperaturzunahme mit der Höhe wurde 1923 auch von dem Physiker F. J. Whipple (1876–1943) bei der Messung der Schallausbreitung in der Atmosphäre entdeckt. So lag die Vermutung nahe, daß das Ozon eine wesentliche Rolle für die Tem-

peraturverteilung in der Atmosphäre und folglich für die durch
sie gesteuerten Luftbewegungen in der mittleren Atmosphäre
spielt. Dobson konstruierte 1924 in einem kleinen Labor in Boars
Hill, 4 km von Oxford entfernt, einen Fery-Spektrographen, mit
dem er 1925 erste Messungen der ultravioletten Sonnenstrahlung ausführte. Dabei wird das Lambert-Bougersche Gesetz zur
Berechnung des Gesamtozons — das ist die Ozonmasse zwischen Erdoberfläche und Obergrenze der Atmosphäre — benutzt:

$$E_S(\lambda) = E_o(\lambda) \cdot \exp\left(-\mu\alpha(\lambda) \cdot X - s(\lambda)\right). \tag{1}$$

Neben der gemessenen Bestrahlungsstärke der direkten Sonnenstrahlung $E_S(\lambda)$ bei der Wellenlänge λ — in der Praxis wird
nicht nur eine Wellenlänge, sondern ein schmales, etwa
0,5—1 nm breites Wellenlängenintervall erfaßt — müssen zur Berechnung des Gesamtozongehaltes X bekannt sein: die Strahlung oberhalb der Erdatmosphäre $E_o(\lambda)$, der Absorptionskoeffi-
zient des Ozons $\alpha(\lambda)$ (s. Abb. 6), das Verhältnis der schräg durch
die Ozonschicht gehenden Strahlung zur senkrecht durchlaufen-
den Strahlung μ und die wellenlängenabhängige Streuung der
Strahlung an Luftmolekülen und am Aerosol, bezeichnet durch
$s(\lambda)$. Als *Aerosol* bezeichnet man alle in der Luft schwebenden
flüssigen und festen Teilchen (Staub; Ruß, Pollen, Seesalzparti-
kel u. a.), deren Radius kleiner als 20 µm ist. Man erkennt in (1),
daß die den Erdboden erreichende direkte Sonnenstrahlung mit
zunehmendem Ozongehalt X, mit zunehmender Lufttrübung
durch das Aerosol sowie bei längerem Strahlweg durch die Atmosphäre, d. h. geringerer Sonnenhöhe, abnimmt. Beim Dobson-Spektrophotometer werden in der Praxis jeweils zwei
schmale Wellenlängenbereiche am Flügel der Hartley- bzw.
Huggins-Bande (s. Abb. 5 und 6) durch ein System von Quarz-
prismen, optischen Spalten und Spiegeln aus dem Spektrum aus-
gesondert. Das hat den Vorteil, daß zur Berechnung des Gesamtozongehaltes nur noch die relativen Verhältnisse der beiden
Strahlungswerte bzw. die Differenzen der Absorptions- und
Streukoeffizienten bekannt sein müssen.
Dobson hatte die Absicht, die räumliche und zeitliche Verteilung
des Gesamtozongehaltes in der Atmosphäre zu bestimmen. Zu
diesem Zweck wurden fünf der in Boars Hill gebauten Fery-
Spektrographen an verschiedene Stationen in Europa gebracht:
Abisko (Schweden), Arosa (Schweiz), Lerwick (Schottland), Lin-
denberg (Deutschland) und Valentia (Irland). Die Ozonmessun-

gen an diesen Stationen begannen 1926/27. Dabei wurden die Werte anfangs noch auf photographischen Platten, die zur Auswertung nach Oxford gesandt wurden, registriert. Auf den Versandpaketen war ein Vermerk für die Zollbehörden aufgebracht, daß diese Pakete nicht geöffnet werden dürfen, weil es sich um lichtempfindliches Photomaterial handelte. Die Mitarbeiter des damaligen Aeronautischen Observatoriums Lindenberg glaubten, daß der Versand mit der Post nicht sicher genug sei, und schickten die Photoplatten als diplomatische Kurierpost zur deutschen Botschaft nach London, die sie nach Oxford weiterleiten sollte. Dobson erinnerte sich später, daß von den nach Oxford gesandten Päckchen niemals eines durch die Post geöffnet

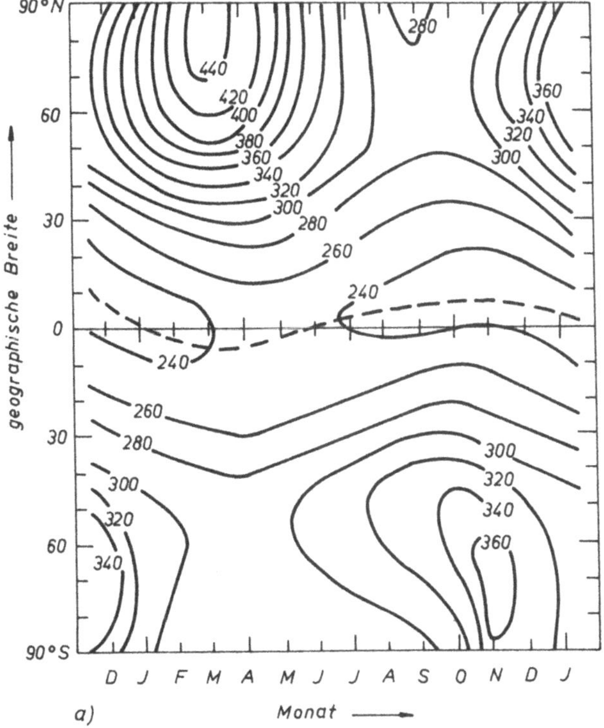

Abb. 9a und b. Mittlere globale Verteilung des Gesamtozongehaltes der Atmosphäre im Jahresverlauf (1957–1967) in Dobson-Einheiten (London u. a., 1976). Das vertiefte antarktische Ozonminimum ist hier noch nicht enthalten

wurde, außer jenen, die über das deutsche Außenministerium geleitet wurden.

Die Auswertung der Ozonmessungen ergab schon ein recht gutes Bild über die räumliche und zeitliche Verteilung des Gesamtozongehaltes über Europa. Ein Zusammenhang zwischen Ozongehalt und Wetterlage wurde festgestellt, und zwar beobachtete man nach dem Durchgang einer Kaltfront beim Einströmen von Polarluft einen kräftigen Ozonanstieg, während beim Vorherrschen subtropischer Luftmassen oder während stabiler Hochdrucklagen relativ geringe Gesamtozonwerte vorherrschten. Um auch die vermutete Abhängigkeit des Gesamtozongehaltes von der geographischen Breite untersuchen zu können, wurden die Spektrographen weltweit umverteilt. In den Jahren 1928/29 wurden Messungen in Christchurch (Neuseeland), Helwan (Ägypten), Kodaikanal (Indien) und Table Mountain (Kalifornien) begonnen und die Messungen in Oxford und Arosa weitergeführt. Die Auswertung dieser ersten weltweiten Meßreihen zeigte die höchsten Gesamtozonwerte im Frühjahr in hohen geographischen Breiten der Nordhalbkugel der Erde und die niedrigsten Ozonwerte in tropischen Gebieten (Abb. 9). Als 1927/28 die indu-

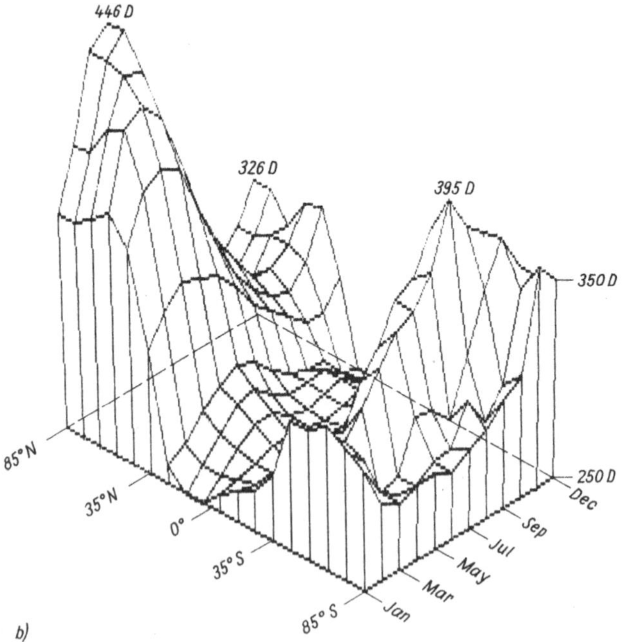

strielle Produktion von photoelektrischen Zellen und Röhrenverstärkern begann, setzte Dobson diese neuen Bauteile von 1929–1931 zur Entwicklung eines Spektrophotometers nach dem Prinzip eines Doppelmonochromators ein. (Durch dieses Meßprinzip ließ sich das im Gerät auftretende Streulicht weitgehend reduzieren.) Dieses später nach ihm benannte Meßgerät wurde von der Firma Beck in England kommerziell produziert. Es ist, von einigen Modernisierungen abgesehen, praktisch das noch heute weltweit eingesetzte Standardgerät zur Messung des Gesamtozons (Abb. 10)! Dabei betrug der Preis des Prototyps, des Dobson-Spektrophotometers Nr. 2, 500 englische Pfund!

Abb. 10. Dobson-Spektrophotometer am Meteorologischen Hauptobservatorium Potsdam

Eine wichtige Entdeckung, die F. W. Paul Götz (1891–1954) auf einer Expedition nach Spitzbergen im Jahre 1929 machte, schuf die Voraussetzung dafür, daß auch die Kenntnisse über die vertikale Verteilung des Ozons in der Atmosphäre erweitert werden konnten. Götz fand aus Messungen der Himmelsstrahlung in Zenitrichtung im Bereich der Huggins-Bande, daß bei hohem Sonnenstand mit abnehmender Sonnenhöhe die Strahlung kürzerer Wellenlängen stärker abnimmt als die längerer Wellenlängen. Merkwürdig war jedoch, daß bei niedrigem Sonnenstand der umgekehrte Effekt auftrat, nämlich eine langsamere Abnahme der Strahlung kürzerer Wellenlängen im Vergleich zu längeren. Ursache dafür ist, daß bei hohem Sonnenstand der größte Teil

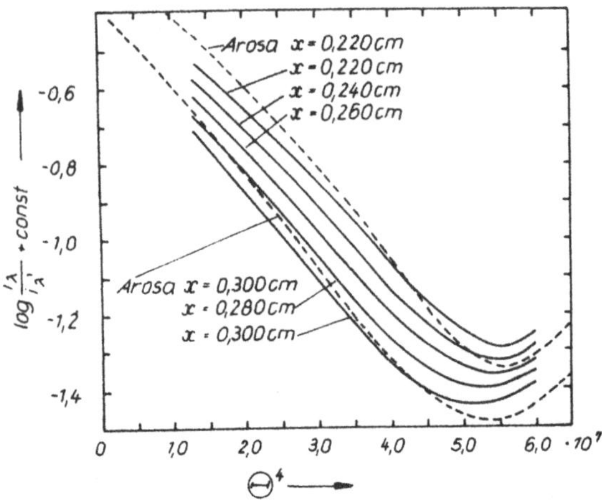

Abb. 11. Umkehrkurven von Meetham und Dobson (1935) nach Messungen bei verschiedenen Ozonwerten in Tromsø (Norwegen —) und von Götz in Arosa (Schweiz ---) für zwei Wellenlängen $\lambda = 311$ nm und $\lambda = 329$ nm (θ Zenitwinkel der Sonne) (Götz, 1938)

der kürzerwelligen Zenitstrahlung aus der direkten Sonnenstrahlung **unterhalb** der „Ozonschicht", die in einer zum damaligen Zeitpunkt noch nicht genau bekannten Höhe angenommen wird, gestreut wird, während bei niedrigem Sonnenstand die Absorp-

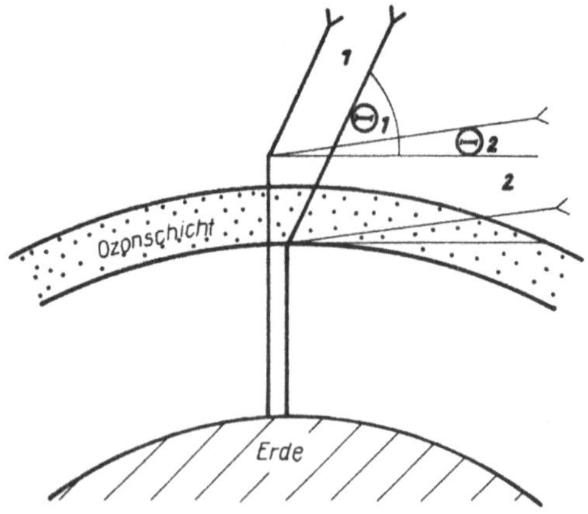

Abb. 12. Umkehreffekt
1 Weg der Sonnenstrahlung bei großer Sonnenhöhe; *2* Strahlweg bei geringer Sonnenhöhe

tion der direkten Sonnenstrahlung durch das Ozon aufgrund des langen Strahlweges durch die Atmosphäre so stark ist, daß der Teil der Strahlung dominiert, der oberhalb der Ozonschicht gestreut wird und zum Meßgerät auf dem kurzen vertikalen Weg gelangt (Abb. 12).

Ende 1930 schrieb Götz an Dobson und berichtete über diesen von ihm entdeckten Effekt. Gleichzeitig regte er an, diese Methode zur Schätzung der vertikalen Ozonverteilung anzuwenden. Dobson glaubte zunächst nicht an die Entdeckung, begann dann 1931 selbst mit Messungen jeweils unmittelbar vor Sonnenaufgang und bestätigte schließlich die Götzsche Beobachtung. Wegen der Umkehr des Verhältnisses der Strahlungswerte bei zwei Wellenlängen wurde der Effekt als *Umkehreffekt* bezeichnet. Dobson und Götz arbeiteten 1931 gemeinsam eine Methode zur Ableitung der vertikalen Ozonverteilung in etwa 5,5 km breiten Schichten vom Erdboden bis rund 60 km Höhe aus, die als *Umkehrmethode* auch heute noch in Gebrauch ist. Auf Einladung von Götz waren Dobson und A. R. Meetham im Jahre 1932 für 6 Wochen in Arosa, um mit den Dobson-Spektrophotometern Nr. 1 und 2 Umkehrmessungen durchzuführen. Dobson berichtete später darüber, daß die tägliche Routine morgens für

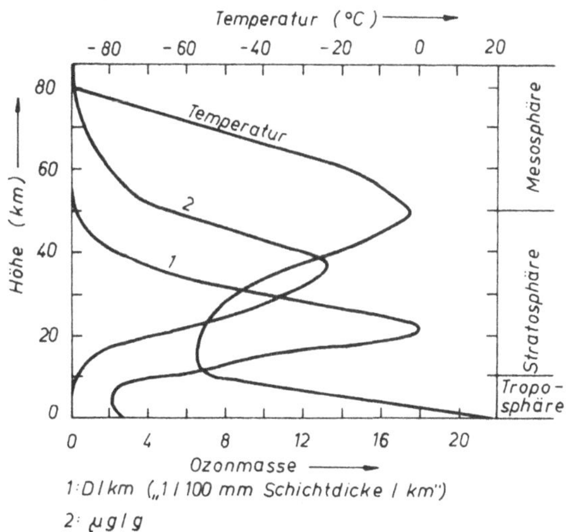

Abb. 13. Vertikale Ozonverteilung in der Atmosphäre bei 45° N
1 Ozonmasse in km-Schichten; *2* Massenmischungsverhältnis Ozon/Luft sowie Temperaturverteilung

einen der drei damit begann, in der Dämmerung aufzustehen, einzuschätzen, ob das Wetter Ozonmessungen zulassen würde, wenn ja, Kaffee zu kochen und die beiden anderen zu wecken. Ein wesentliches Ergebnis der Arosaer Meßreihe war, daß man herausfand, daß die Höhe der „Ozonschicht" – damit ist vereinfachend das Massenmaximum der vertikalen Ozonverteilung gemeint – nicht, wie bisher angenommen, in 40–50 km Höhe liegt, sondern wesentlich tiefer in einer Höhe von etwa 22 km (Abb. 13, Kurve 1, und Abb. 14). Diese Entdeckung erleichterte auch das Verständnis dafür, daß Änderungen des Gesamtozongehaltes eng verknüpft sind mit dem Wettergeschehen, das durch die Vorgänge in der Troposphäre (0–10 km Höhe) und der darüber liegenden unteren Stratosphäre gesteuert wird.

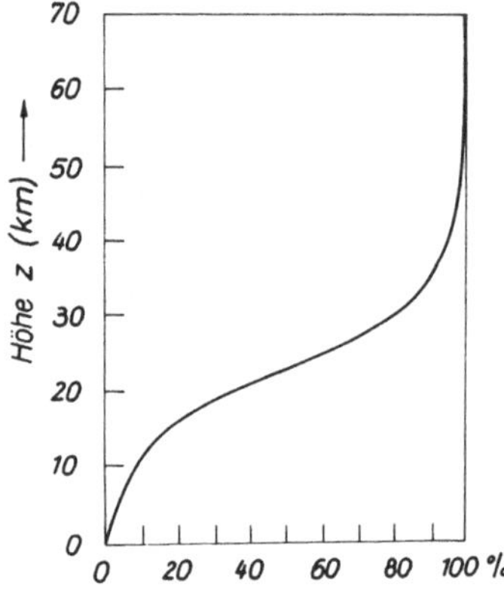

Abb. 14. Anteil der Ozonmasse zwischen Erdboden und Höhe z am Gesamtozon in Prozent (mittlere Breiten)

Im damaligen Deutschland versuchten zur gleichen Zeit Erich Regener (1881–1955) und Sohn Victor H. Regener, die vertikale Ozonverteilung direkt zu messen. Es gelang ihnen, im Sommer 1934 in Stuttgart speziell für diesen Zweck konstruierte Spektrographen an Ballonen in große Höhen aufsteigen zu lassen. Während des Aufstiegs des Ballons fiel die Sonnenstrahlung durch eine diffus reflektierende Scheibe in den Spektrographen, hinter dem sich eine durch eine Taschenlampenbatterie in bestimmten Zeitabständen weiterbewegte photographische Platte befand. Zusätzlich wurden die Meßwerte der Lufttemperatur und des Luftdrucks einbelichtet. Die Platten wurden nach dem Wiederauffinden der Nutzlast ausgewertet. Dabei erreichte der Aufstieg

am 31. 7. 1934 eine für die damalige Zeit beachtliche Höhe von
31 km (Abb. 15). Die im gleichen und im folgenden Jahr in den
USA zur Ozonmessung ausgeführten unbemannten Ballonflüge
von Explorer I am 28. 7. 1934 und von Explorer II am 11. 11. 1935
erreichten nur eine Höhe von 18 bzw. 22 km. Das Prinzip der optischen ballongetragenen Ozonsonde wurde auch nach dem
2. Weltkrieg wieder zur Ozonsondierung eingesetzt, hat sich
aber letztlich als Routinemethode nicht durchgesetzt. Auf der
2. Internationalen Ozonkonferenz in Oxford im Jahre 1936 – die
1. Konferenz war von Fabry 1929 in Paris organisiert worden –
legte man fest, Dobson-Spektrophotometer an 15 Stationen in
Europa zu verteilen. Da ein Zusammenhang zwischen Ozongehalt und Wetterlage bekannt war, versprachen sich die Initiato-

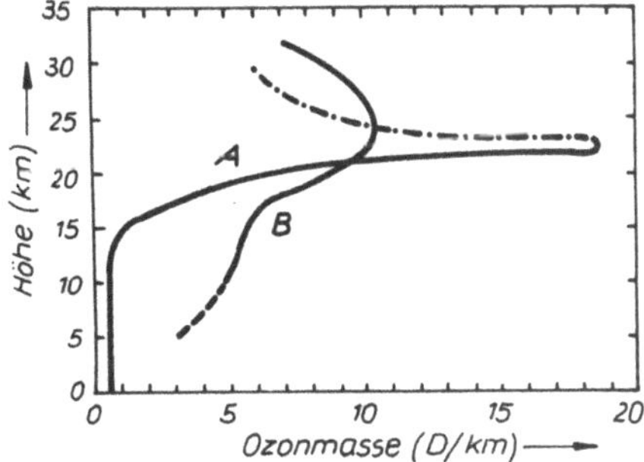

Abb. 15. Vertikale Ozonverteilung nach ersten Ballonaufstiegen
A Amerikanischer Flug mit Explorer II am 11. 11. 1935 von R. Stair und
W. W. Coblentz;
B Aufstieg von Erich und Victor H. Regener am 31. 7. 1934 in Stuttgart
(Regener, 1941)

ren von den Ozonmessungen neue Erkenntnisse, die sich möglicherweise für die Verbesserung der Wettervorhersage einsetzen
ließen. Das für Deutschland bestimmte Gerät traf im Sommer
1939 in Potsdam ein. Mit einem zweiten Gerät wurde auf dem
Dach des Potsdamer Meteorologischen Observatoriums von
1941–1945 fast täglich der Gesamtozongehalt der Atmosphäre
gemessen. Bedingt durch den Ausbruch des 2. Weltkriegs, wurden Ozonmessungen außer in Potsdam und dem schon länger
arbeitenden Lichtklimatischen Observatorium Arosa nur in
Tromsø (Norwegen) und in Aarhus (Dänemark) durchgeführt.

1.4. Ozonmessungen mit Ballonen, Raketen und Satelliten

Die Bemühungen der Wissenschaftler, mehr und bessere Daten über die Ozonverteilung in der Atmosphäre zu gewinnen, wurden auch nach dem Ende des 2. Weltkriegs fortgesetzt. Die Messungen der vertikalen Ozonverteilung waren durch den Platzpunkt der Gummiballone in der Höhe begrenzt. Deren Durchmesser erhöht sich von etwa 1,5 m am Erdboden auf etwa 12–13 m in 30 km Höhe, weil die Luftdichte in dieser Höhe nur etwa 1,5 % der Dichte am Erdboden beträgt. Um die Ozonkonzentration in noch größeren Höhen messen zu können, wurden Raketen als Trägermittel der Meßgeräte eingesetzt. In den USA wurden ehemalige V 2-Raketen aus dem 2. Weltkrieg so umgerüstet, daß sie 1946 und 1949 für Ozonmessungen im Höhenbereich von 35 bis 70 km eingesetzt werden konnten. Bei dem Aufstieg am 10. Oktober 1946 wurde erstmalig auch die Spektralverteilung der Sonnenstrahlung oberhalb der Ozonschicht in einer Höhe von 88 km gemessen. Zur Bestimmung der vertikalen Ozonverteilung werden bei der Raketensondierung die Messungen entweder beim Aufstieg der Rakete oder beim Herabschweben des Meßgerätes an einem Fallschirm durchgeführt. Neben der hierbei eingesetzten *optischen Meßmethode* wurde ebenfalls von Regener die *Chemilumineszenz-Methode* entwickelt. Das Meßprinzip beruht darauf, daß bestimmte Materialien wie Rhodamin B oder Luminol bei Kontakt mit Ozon meßbare Strahlung aussenden. Während dieses Meßprinzip für Ozonsonden angewendet wurde, die entweder von Raketen oder Ballonen in die mittlere Atmosphäre getragen wurden, wird die von A. W. Brewer, K. R. Milford und M. Griggs 1957 in Oxford entwickelte *elektrochemische Methode* nur in ballongetragenen Ozonsonden angewendet. Bei diesem Ozonsondentyp wird die Umgebungsluft mit einer kleinen Pumpe in die Meßzelle gepumpt, in der sich Kaliumiodidlösung befindet. Das Ozon der Luft reagiert mit dem Kaliumiodid, so daß pro Ozonmolekül ein Iodmolekül freigesetzt wird. In die Lösung tauchen je eine Elektrode aus Platin und aus Silber. An der Platinkatode werden pro Iodmolekül zwei Elektronen abgegeben und an der Silberanode aufgenommen. Der meßbare Stromfluß zwischen Katode und Anode ist der Ozonkonzentration proportional. Dieses Meßprinzip wird in verschiedenen Modifikationen auch heute in ballongetragenen Ozonsonden zur Überwachung der vertikalen Ozonverteilung bis ungefähr 30 km angewendet. Wenn man bedenkt,

daß jede dieser Ozonsonden, die zusammen mit einer Radio-
sonde zur Messung von Lufttemperatur und Luftfeuchte, an
einem Ballon hängend, gestartet wird, bei Temperaturen von
rund +30 °C bis −90 °C und Luftdruckwerten von 1000 hPa bis
zu etwa 3 hPa zuverlässig Werte der Konzentration der Ozonmoleküle erfassen muß, die ein Millionstel bis ein Milliardstel der
Konzentration der Luftmoleküle beträgt, wird die Leistungsfähigkeit dieser kleinen Meßgeräte verständlich. Andererseits müssen die Geräte eine geringe Masse haben und die Herstellungs-
kosten möglichst niedrig sein, weil jede Sonde i. allg. nur einmal
verwendet wird.

Eine neue Epoche in der Messung des atmosphärischen Ozons
setzte ein, nachdem *künstliche Erdsatelliten* verfügbar wurden.
Mit nur einem Meßgerät auf einem Satelliten konnte man die
Ozonkonzentration nahezu für die ganze Erde erfassen. So gelang es nach und nach, die bezüglich der Ozonmessungen noch
„weißen Gebiete" der Erde − vor allem über den Ozeanen und in
tropischen Regionen − mit Daten zu füllen. Der erstmals zur
Ozonsondierung eingesetzte Satellit der USA *Echo 1* im Jahre
1960 trug selbst noch kein Ozonmeßgerät, sondern es wurde
vom Boden aus das vom Satelliten reflektierte Sonnenlicht im Bereich der Chappuis-Bande gemessen. Aus diesen Messungen

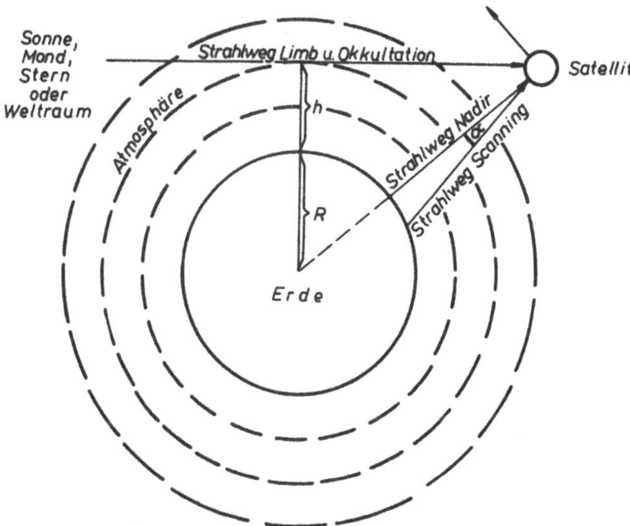

Abb. 16. Geometrie der Satellitenmessungen

wurde der Ozongehalt abgeleitet. Im Juli 1982 wurde der Satellit USAF der USA gestartet, der ein Strahlungsmeßgerät zur Erfassung der UV-Strahlung im Bereich der Hartley-Bande (260 nm) trug. Bei der dabei angewandten *Okkultationstechnik* wurde die Strahlung der Sonne, bei späteren Experimenten auch die des Mondes oder eines hellen Sterns, tangential zur Erde durch die Atmosphäre hindurch gemessen. Aus dem Grad der Schwächung der Strahlung ließ sich die Ozonkonzentration im sondierten Höhenbereich zwischen etwa 10 und 100 km Höhe ableiten. In den Jahren 1974 und 1976 wurde diese Technik auch bei einem Satellitenexperiment der Akademie der Wissenschaften der DDR auf den sowjetischen Satelliten *Interkosmos 11 und 16* zur Bestimmung der Ozonverteilung im Höhenbereich von 55–100 km genutzt.

Eine ähnliche Meßgeometrie wie bei der Okkultationstechnik wird bei der *Limb-Methode* genutzt, nur daß hier die Eigenstrahlung der Atmosphäre im langwelligen Spektralbereich in einer Absorptionsbande des Ozons, z. B. bei 9,6 µm, gemessen wird. Da die Strahlung der Atmosphäre nur eine geringe Energie besitzt, müssen zur Messung hochempfindliche gekühlte Empfänger eingesetzt werden. Die vertikale Auflösung ist mit rund 2 km recht gut. Wesentlich größer ist die empfangene Strahlungsenergie, wenn das Meßgerät auf die Erdoberfläche ausgerichtet wird, d. h., wenn zusätzlich zur Eigenstrahlung der Atmosphäre auch die von der Erdoberfläche ausgehende langwellige Strahlung erfaßt wird. Mit dieser Methode läßt sich allerdings nur der *Gesamtgehalt* des Ozons mit ausreichender Genauigkeit ableiten. Das Verfahren wurde auch bei Experimenten des Meteorologischen Dienstes und der Akademie der Wissenschaften der DDR auf drei sowjetischen Satelliten der *METEOR*-Serie (1976–1979) erprobt.

Eine weitere Methode zur Bestimmung des Gesamtozongehaltes und der vertikalen Ozonverteilung oberhalb von etwa 25 km ist die sog. *BUV-Technik* (von **B**ackscattered **U**ltraviolet). Bei dieser Methode wird die von der Erdoberfläche und den Luftmolekülen in den Weltraum rückgestreute Sonnenstrahlung in schmalen Spektralintervallen im Bereich der Hartley- und Huggins-Bande des Ozons gemessen. Aus der Stärke des Rückstreuungssignals läßt sich die Ozonkonzentration ableiten. Erstmals Anwendung fand diese Technik im Jahre 1965 fast gleichzeitig in den USA auf dem Satelliten *USAF 1965* und in der UdSSR auf den Satelliten *KOSMOS 65* (1965) und *KOSMOS 121* (1966). Eine sehr lange Meßreihe der globalen Ozonverteilung wurde mit dem US-amerikanischen Satelliten *NIMBUS 4* von 1970–1977 gewonnen. Diese Meßreihe wird seit 1978 durch verbesserte Meßgeräte weitergeführt, die auf dem Satelliten *NIMBUS 7* und den Satelliten der *NOAA*-Serie installiert sind.

2. Eigenschaften und Funktionen des Ozons

2.1. Physikalische und chemische Eigenschaften

Um die Bedeutung des atmosphärischen Ozons für Biosphäre und Klima sowie die Anwendungsmöglichkeiten künstlich erzeugten Ozons richtig verstehen zu können, wollen wir zunächst einige Eigenschaften dieses Moleküls näher betrachten. Das Ozonmolekül O_3 besteht aus 3 im Dreieck angeordneten Sauerstoffatomen (Abb. 17). Das unter Normalbedingungen farblose Gas nimmt bei künstlicher Druckerhöhung im flüssigen Zustand

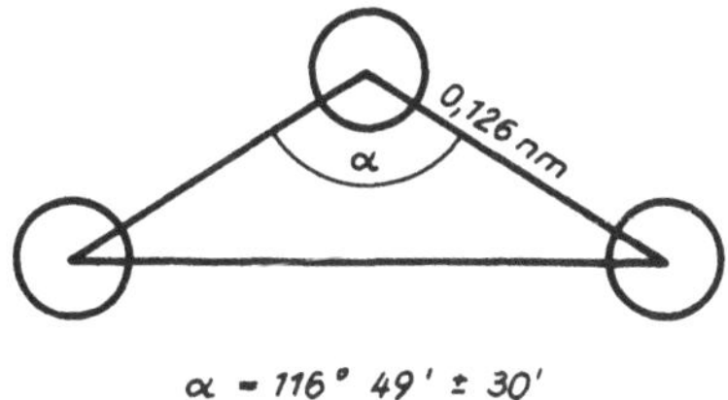

Abb. 17. Modell eines Ozonmoleküls

eine tiefblaue Farbe an und bildet im festen Zustand blauviolette Kristalle. Es ist ein außerordentlich starkes Oxydationsmittel und deshalb nur mit besonderen Techniken über längere Zeit zu erhalten. Gummi wird bei Kontakt mit Ozon spröde und zerfällt bei längerer Einwirkung. Insbesondere aus Kalifornien, wo häufig hohe Werte der Ozonkonzentration in Bodennähe auftreten, wird über beträchtliche finanzielle Verluste durch die zerstörerische Wirkung des Ozons auf Autoreifen berichtet, von denen allerdings in erster Linie die Besitzer von Kraftfahrzeugen, weniger deren Produzenten betroffen sind. Ozon ist schwerer als Luft und siedet bei höherer Temperatur (s. Anhang, S. 150).

Ozon bildet sich thermisch, wenn beispielsweise Sauerstoff (O_2) über glühende Festkörper geleitet wird:

$$3\,O_2 \rightleftharpoons 2\,O_3. \tag{2}$$

Das atmosphärische Ozon wird durch die Dissoziation (d. h. die Aufspaltung) von Sauerstoff unter der Einwirkung der UV-Strahlung der Sonne und nachfolgende Verbindung mit molekularem Sauerstoff gebildet:

$$O_2 + h\nu \quad\;\; \rightarrow O + O, \qquad \lambda < 242{,}4\;\text{nm}, \tag{3}$$
$$O_2 + O + M \rightarrow O_3 + M \tag{4}$$

($h\nu$ ist die Strahlungsenergie, λ die Wellenlänge, M der Stoßpartner, d. h. ein Sauerstoff- oder Stickstoffmolekül). Dieser experimentell schon im Jahre 1900 von Lenard entdeckte Wirkungsmechanismus wurde von Sydney Chapman (1888–1970) im Jahre 1930 theoretisch formuliert und galt zusammen mit den Zerfallsreaktionen

$$O_3 + h\nu \rightarrow O_2 + O, \qquad \begin{aligned} \lambda &< \;\;310\;\text{nm}^1 \\ \lambda &< 1\,180\;\text{nm} \end{aligned} \tag{5}$$
$$O + O_3 \;\rightarrow 2\,O_2 \tag{6}$$

lange Zeit als einziger Prozeß der natürlichen Ozonbildung und -zerstörung in der Atmosphäre. Ozon entsteht auch bei elektrischen Entladungen wie beim Blitzschlag, bei der Bogen- und Funkenentladung oder der Hochfrequenzentladung. Aber auch bei der Elektrolyse von Säuren und Basen in wäßrigen Lösungen kann Ozon entstehen. Die berühmten Physiker Pierre und Marie Curie fanden im Jahre 1899, daß die Luft in der Nähe stark radioaktiver Bariumsalze stets Ozon enthält. Generell wird auch durch stark ionisierende Strahlung Ozon gebildet.
Eine wichtige Eigenschaft des Ozons besteht darin, nicht nur ultraviolette Strahlung, sondern auch einen Teil der unsichtbaren langwelligen Infrarotstrahlung zu absorbieren. Diese Eigenschaft wurde schon im Jahre 1863 von John Tyndall (1820–1893) entdeckt. Knut Angström (1853–1910) fand im Jahre 1904, daß Ozon

---

[1] UV-Strahlung mit Wellenlängen $\lambda < 310$ nm führt dazu, daß Sauerstoffatome gebildet werden, die sich in einem angeregten Zustand befinden. Diese sog. $O(^1D)$-Atome sind sehr reaktiv und führen u. a. zur chemischen Aufspaltung von Wasserdampf.

in bestimmten Banden des Infrarotbereiches bei 4,8 µm, 5,8 µm, 6,7 µm und vor allem 9,6 µm Strahlung absorbiert. Diese Absorption der langwelligen Strahlung ist verantwortlich für den sog. *Glashauseffekt*, die Klimawirkung des Ozons, durch die ein Teil der aufwärtsgerichteten Ausstrahlung der Erde und Atmosphäre zurückgehalten wird und durch Rückstrahlung zur Erwärmung der unteren Atmosphäre beiträgt. Die erste Erwähnung, daß sich die Atmosphäre der Erde wie ein Glas- oder Treibhaus verhält, das die kurzwellige Sonnenstrahlung nahezu ungehindert durchläßt, aber die aufwärts gerichtete langwellige Strahlung von Erde und Atmosphäre zurückhält, geht zurück auf den Mathematiker Baron Jean-Baptiste Fourier. Fourier legte damit schon im Jahre 1827 die ersten Grundlagen für das Verständnis der Wärmebilanz der Erde. Der schwedische Physiker Svante Arrhenius (1859–1927) entwickelte 1896 ein erstes Strahlungsenergiebilanz-Modell für Erde und Atmosphäre, in dem die Absorption der langwelligen Strahlung durch Kohlendioxid und Wasserdampf und die Wirkung der Wolken berücksichtigt waren.

2.2. Wirkung des Ozons auf den Menschen

Die lange Zeit weitverbreitete Meinung, daß Waldluft reich an Ozon sei und einen günstigen Einfluß auf die Gesundheit des Menschen ausübt, mag möglicherweise auf die Ergebnisse der ersten Ozonmessungen im vorigen Jahrhundert zurückzuführen sein. Höhere Ozonkonzentrationswerte im Wald, in ländlichen Gebieten und insbesondere in Gebirgslagen im Vergleich zu Stadtgebieten und feuchten Niederungen wurden der Tatsache zugeschrieben, daß die, wie K. Lender 1873 schrieb, „giftigen Gase Kohlenwasserstoff, Schwefelwasserstoff, Schwefelammonium, welche aus den Verwesungs- und Fäulnisherden in die Atmosphäre emporsteigen, durchs Ozon in Kohlensäure, Wasser, Schwefelsäure und Salpetersäure oxydirt" werden. Diese „Fäulnis erregenden Vibrionen" wurden als „Ozonräuber" und Ursache von Infektionskrankheiten angesehen. Darüber hinaus hatte man entdeckt, daß Ozon auch Mikroorganismen abtötet, und so glaubte man sogar an einen Zusammenhang zwischen einem Anstieg von Epidemien und Abnahme der Ozonkonzentration. Dem Ozon wurde sogar Heilkraft für die verschiedensten Krankheiten zugeschrieben, und es wurde zur „Steigerung der natürlichen entgiftenden Kräfte des inficirten Menschen" sog. Ozonwasser in die Venen gespritzt oder als Getränk verabreicht.

Schon 1910 erkannte E. Fonrobert, der zu dieser Zeit Assistent am Chemischen Institut der Universität Kiel war, daß diese unter den verlockendsten Anpreisungen von der Industrie in den Handel gebrachten Ozonwässer häufig alles andere enthielten, nur nicht Ozon. Diese Produkte verschwanden glücklicherweise bald wieder aus der Öffentlichkeit. Die dem Ozon zugeschriebenen reinigenden Kräfte fanden sogar Eingang in die Kunst, wie der Ausspruch des Pater Profundus in Goethes Faust (Teil 2, 5. Akt) beweist:

> Der Blitz, der flammend niederschlug,
> Die Atmosphäre zu verbessern,
> Die Gift und Dunst im Busen trug, ...

Die vermeintliche günstige Wirkung des Ozons regte den Dichter Johannes Trojan (1837–1915) an, „Das Lied vom Ozon" zu verfassen:

> Sei gegrüßt uns, Gas des Lebens,
> Wunderbarer Mächte Kind,
> Das wir hoffentlich vergebens
> Nirgends suchen, wo wir sind!
> Denn mit Dir dringt Heil und Segen
> In der Erde tiefste Gruft;
> Tausend Feinden, die sich regen
> Wider uns, wirst Du zur Gruft.
> Miasmen zerstörend und faulige Gase
> Befreist Du die Lungen, beglückst Du die Nase,
> Ein rastlos sich regender Schutzmann der Luft.

Bereits im Jahre 1875 hatte Goppelsröder entdeckt, daß Ozon die Schleimhäute des Menschen reizt, und aus den ersten Tierversuchen mit hohen Ozondosen wurde geschlossen, daß es auf den Menschen nicht günstig wirken kann. Die einzige wirklich zum Wohlbefinden des Menschen beitragende Wirkung des Ozons liegt wohl in seiner Eigenschaft, die Geruchsnerven zu beeinflussen. Durch Abnahme der Geruchsempfindlichkeit bei Vorhandensein von Ozon in geringer Dosis (von etwa 20–50 ppb) (s. Anhang) werden unangenehme Gerüche nicht oder nur abgeschwächt wahrgenommen. Manche Menschen erinnert der Ozongeruch in dieser Konzentration an den Duft von Nelken oder Heu. Es ist allerdings ungewiß, ob der charakteristische unangenehme Geruch des Zigarettenrauches bei Anwesenheit von Ozon nur nicht empfunden oder tatsächlich durch dessen Oxydationswirkung beseitigt wird.

Die physiologische Wirkung des Ozons auf den Menschen
hängt im wesentlichen von der Konzentration des Ozons ab. Bei
geringer Konzentration spürt man ein Kribbeln in der Nase und
ein leichtes Kratzen im Hals. Bei weiterer Zunahme der Konzentration setzen Tränenfluß und Anschwellen des Auges ein, das
Sehvermögen nimmt ab. Bei noch höherer Konzentration treten
stechende Schmerzen im Hals und Druckgefühl in der Brust auf,
Übelkeit und Schwierigkeiten beim Atmen sind Anzeichen einer
beginnenden Vergiftung (Abb. 18). Glücklicherweise treten diese
Wirkungen des Ozons unter natürlichen Bedingungen nicht auf.

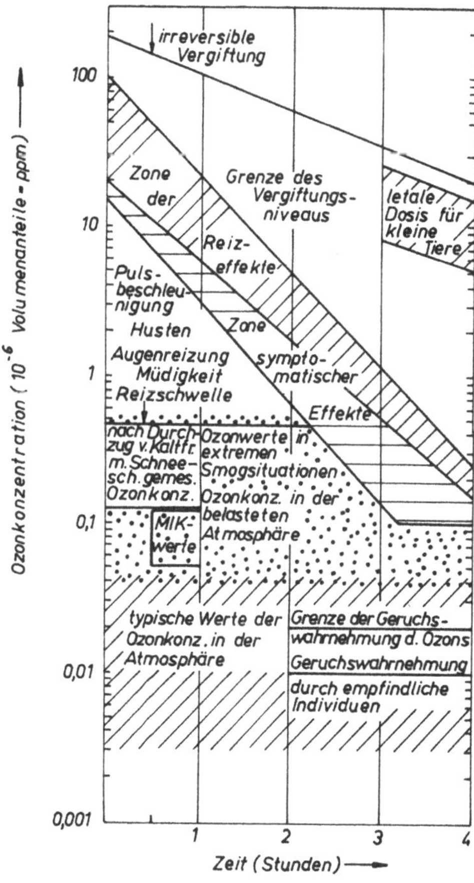

Abb. 18. Physiologische Effekte des Ozons (nach Horvath u. a., 1985)

Wenn man davon ausgeht, daß der Mensch in einer Stunde ein Luftvolumen von 0,3 m^3 in Ruhe bzw. 3–6 m^3 bei schwerer körperlicher Arbeit bzw. extremer Anstrengung aufnimmt, so entspricht das bei einer mittleren Ozonkonzentration der Luft von 40 µg · m^{-3} einer pro Stunde in Ruhe aufgenommenen Ozonmasse von etwa 12 µg bzw. von etwa 120–240 µg bei schwerer körperlicher Arbeit. Diese Menge ist physiologisch unbedenklich. Bei extremen Smoglagen, in denen sehr hohe Konzentrationswerte des Ozons bis zu 1 000 µg · m^{-3} auftreten können, atmet der Mensch bei schwerer körperlicher Belastung bis zu 3–6 mg Ozon pro Stunde ein. Diese hohe Ozonmenge kann zu Beschwerden oder gesundheitlichen Schäden führen. Tests mit Langstreckenläufern in Los Angeles ergaben, daß die Leistungsstärke bei zunehmender Konzentration der Photooxidantien, zu denen Ozon zählt, abnimmt. In der Vorphase der Olympischen Spiele in Los Angeles im Jahre 1984 erschienen in der Literatur Verhaltensmaßregeln für günstige Trainingszeiten und Atmungstechniken, um eine Gesundheitsgefährdung der Aktiven zu vermeiden. Diese Vorschläge waren nicht so übertrieben, wie es auf den ersten Blick scheinen mag, wenn man berücksichtigt, daß die für den Schutz der Gesundheit im Staat Kalifornien festgelegten Grenzwerte der Ozonkonzentration (Einstundenmittelwerte) von 200 µg · m^{-3} im Jahre 1981 in Los Angeles an 120 Tagen, in Pasadena an 157 Tagen und in Azusa an 175 Tagen überschritten wurden! Symptome wie generelles Unwohlsein, begleitet von Husten, Kopfschmerzen und Nasenbluten, zeigten sich auch gelegentlich bei Flugpassagieren bis zu 2 Stunden nach der Landung der Flugzeuge, die oberhalb von 10–12 km Höhe fliegen. In dieser Höhe beginnt die natürliche Ozonkonzentration der Außenluft stark mit zunehmender Höhe anzusteigen. Durch Luftfilterung beim Ansaugen der Außenluft ist es möglich, diese unangenehmen Folgen zu verhindern.
Schutzmaßnahmen müssen auch für solche Personen getroffen werden, die in Arbeitsräumen tätig sind, in denen sich Ozon bildet, wie in der Nähe von UV-Strahlern oder Quellen ionisierender Strahlung, in elektrischen Prüfräumen oder beim Plasmaschweißen. Bereits in der Mitte der 50er Jahre bemerkte man, daß bei Schweißern gesundheitliche Beschwerden auftraten, die durch Ozon verursacht sein mußten. Die Schweißer klagten über Trockenheit im Mund und Hals, Schmerzen im Brustbereich, Gefühllosigkeit in den Gliedmaßen sowie Appetit- und Schlaflosigkeit. In verschiedenen Ländern wurden in den vergangenen Jahren unterschiedlich hohe Werte der *Maximalen*

Tabelle 2. Maximale Arbeitsplatzkonzentration (MAK) des Ozons in einigen Ländern

Land	Mittelungszeitraum	Ozonkonzentration in $\mu g \cdot m^{-3}$
BRD	8 h	200
DDR	0,5 h	200
Ungarn	8 h	100
UdSSR	8 h	100

Arbeitsplatzkonzentration (MAK) für Ozon festgelegt (Tab. 2). Durch Entlüftung oder Filterung der Luft (Hopkalit-Filter) bzw. Erwärmung der mit Ozon angereicherten Luft auf über 500 K und nachfolgende Abkühlung kann die Ozonkonzentration auf ein für die Gesundheit unschädliches Niveau gesenkt werden.

Tabelle 3. Obere Grenzwerte der Ozonkonzentration der Luft (MIK) in einigen Ländern

Land	Mittelungs-zeitraum	Ozonkonzentration in $\mu g \cdot m^{-3}$	Status
BRD	0,5 h	150	MIK (Kurzzeitwert)
	24 h	50	
	1 Jahr	50	MIK (Dauereinwirkung)
Japan	1 h	120	Zielvorgabe
Kanada	1 h	100	wünschenswert
	1 h	160	noch akzeptabel
	1 h	300	noch tolerabel
Norwegen	1 h	100–200	Empfehlung
Schweden	1 h	120	Richtwert (monatlich)
UdSSR	0,5 h	160	Standard
USA	1 h	240 (bis 1979: 160)	gesetzlicher Standard

Für die Ozonkonzentration in der Atmosphäre gibt es ebenfalls in einigen Ländern Empfehlungen oder gesetzliche Festlegungen über die maximal zulässigen Werte; letztere werden im deutschsprachigen Raum als Werte der *Maximalen Immissionskonzentration (MIK)* bezeichnet (Tab. 3).

2.3. Wirkung des Ozons auf Pflanzen

Das Ozon wirkt i. allg. nachteilig auf Pflanzen. Die Schädigung hängt dabei natürlich von der Ozondosis, d. h. dem Produkt aus

Ozonkonzentration und Einwirkungsdauer, und von der Pflanzenart ab. Zusätzlich sind das Alter und der Entwicklungsstand der Pflanzen sowie die Umweltbedingungen wie Licht, Wasser und Nährstoffangebot des Bodens wesentliche Einflußfaktoren für den Grad der Schädigung. Erste Untersuchungen über die Wirkung des Ozons auf Pflanzen begannen schon wenige Jahre nach der Entdeckung des Ozons. So fand Lea im Jahre 1864, daß die Wachstumsgeschwindigkeit bei der Keimung durch Anwesenheit von Ozon entscheidend beeinträchtigt wird. Sigmund stellte 1905 fest, daß sich die Pflanze bei Ozoneinwirkung infolge einer Abnahme der Zahl der Wurzelhaare schlechter entwickelt, daß die Blätter Flecken bekommen und in jungen Stadien völlig gebleicht werden. Ein intensives Studium der Wirkung des Ozons auf Pflanzen setzte zu Beginn der 50er Jahre ein, als in Kalifornien an mehreren Arten von Nutzpflanzen, insbesondere Tabak, Zitrusgewächsen und Wein, Schäden beobachtet wurden, die offensichtlich durch eine hohe Ozonkonzentration während Smogsituationen verursacht wurden. In der Mitte der 50er Jahre wurde nachgewiesen, daß auch Nadelbäume wie die Ponderosa-Kiefer durch eine hohe Ozonkonzentration gelbgefleckte Nadeln bekommen und ein verlangsamtes Wachstum zeigen. Systematische Experimente in Begasungskammern, bei denen Nutz- und Zierpflanzen einer unterschiedlich hohen Ozonkonzentration ausgesetzt wurden, zeigten, daß Schäden vor allem auch bei Spinat, Tomaten, Radieschen, Kartoffeln, Mais, Klee, Bohnen, Flieder und Begonien auftraten, um nur einige der empfindlichen Arten zu nennen.

In den USA fallen 2–4 % der gesamten Jahresernte Luftverunreinigungen zum Opfer; das ist ein Verlust von immerhin 1–2 Mrd. Dollar. Bis zu 90 % des Schadens wird durch die Wirkung der Spurengase Ozon, Schwefeldioxid (SO_2) und Stickoxide (NO, NO_2) verursacht. Ein Weg zur Reduzierung des Schadens ist die Züchtung und der Anbau weniger empfindlicher Pflanzensorten. Da das Ozon durch die Spaltöffnungen der Blätter, die sich bei Bewässerung öffnen, in die Pflanze eindringt, wurden die Schäden dadurch verringert, daß die künstliche Bewässerung der Kulturen während der Episoden mit hoher Ozonkonzentration vorübergehend eingestellt wurde. Als wirksame Hilfe haben sich in den USA Kurzfristvorhersagen (24–48 Stunden im voraus) der Ozonkonzentration erwiesen. Diese Vorhersagen ermöglichen die Entscheidung über rechtzeitige Ernte oder Bewässerung.

In der jüngsten Vergangenheit wurde das atmosphärische Ozon als einer der möglichen Verursacher der in Teilen von Europa

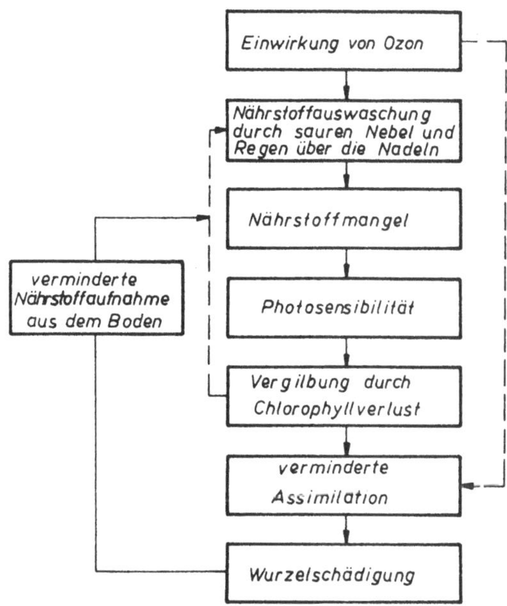

Abb. 19. Schädigungsmechanismus durch Einwirkung von Ozon und saurem Nebel auf Koniferen (nach Prinz u. a., 1985)

beobachteten *neuartigen Waldschäden* angesehen. Neuartig deshalb, weil sie sich sowohl hinsichtlich des Schadbildes als auch der Ursachen von den schon seit längerer Zeit beobachteten Schäden unterscheiden, die offensichtlich vor allem durch sauren Niederschlag und direkte Einwirkung von SO_2 bedingt sind. In der BRD waren beispielsweise im Jahre 1983 34 % der Waldflächen geschädigt, in der Schweiz 14 %. Besonders betroffen sind Fichten und Kiefern, aber auch Buchen und Pappeln. Durch Experimente wurde nachgewiesen, daß Ozon in ausreichend hoher Konzentration zusammen mit saurem Niederschlag oder Nebel direkt schädigend auf die Blattorgane der Bäume wirkt. Von B. Prinz wurde ein Wirkungsmechanismus angegeben (Abb. 19), der auf zahlreichen experimentellen Ergebnissen basiert. Dabei kann eine Schädigung der Pflanze zunächst auch schon ohne sichtbare Schäden an den oberirdischen Teilen des Baumes eingetreten sein und sich erst später durch eine akute Vergilbung, insbesondere auf der lichtexponierten Oberseite der Nadeln, bemerkbar machen. In den Pflanzen wurde vor allem ein Mangel an Magnesium festgestellt. Nährstoff- oder Wassermangel und Schädlingsbefall können die Wirkung der Luftschadstoffe beschleunigen. Zur Beseitigung des Nährstoffmangels wurden große Waldbestände mit Kalk und Magnesiumchlorid, teilweise unter Einsatz von Hubschraubern, gedüngt. Tatsächlich zeigte sich nach dieser Düngung bei vielen geschädigten Bäumen eine Verbesserung ihres Zustandes, die sich durch Wiederergrünung bemerkbar machte.

Es darf hierbei nicht unerwähnt bleiben, daß eine ganze Reihe weiterer Hypothesen über die Ursachen der neuartigen Waldschäden aufgestellt wurden, die von der reinen Schadinsektenannahme über die Bleihypothese (Kraftfahrzeuge) bis hin zur nachteiligen Wirkung der reduzierten Staubemission aus Kraftwerken und der dadurch bedingten Abnahme der künstlichen „Düngung" der Bäume reichen. Deshalb sind die wirklichen Ursachen der Schäden bisher nicht eindeutig durch die Forstwissenschaft geklärt. Solange diese Ursache/Wirkungs-Beziehungen nicht eindeutig bekannt sind, werden Maßnahmen getroffen, die geeignet sind, weitere Schäden zu verhindern. Dazu gehören sicherlich die Züchtung und der Einsatz gegenüber Luftverunreinigungen widerstandsfähiger Pflanzenarten und weitere waldbauliche Maßnahmen einschließlich der Gewährleistung der Nährstoffversorgung der Bäume. Parallel dazu werden Maßnahmen eingeleitet, um die Emission von Luftverunreinigungen nachhaltig zu reduzieren. Im Rahmen der Konvention über den weitreichenden grenzüberschreitenden Transport von Luftverunreinigungen haben sich eine Reihe von Staaten, darunter auch die DDR und die BRD, verpflichtet, die Emission von Schwefeldioxid (SO_2) bis zum Jahre 1993 um mindestens 30 % gegenüber dem Niveau von 1985 zu verringern.

3. Künstlich erzeugtes Ozon

3.1. Methoden der künstlichen Ozonerzeugung

Künstlich erzeugtes Ozon kann, wie wir sehen werden, für viele Zwecke nutzbringend eingesetzt werden. Zunächst wollen wir einige Methoden kennenlernen, wie es erzeugt und über längere Zeit aufbewahrt werden kann. Unter den Methoden der Ozonerzeugung gibt es einige, die durch technische Nachahmung natürlicher Prozesse, bei denen Ozon entsteht (Kap. 2), angewendet werden. Zu solchen Verfahren zählt die *elektrische Entladung*, die in der Atmosphäre durch Blitze sichtbar wird. Bei der Entladung bilden sich aus Sauerstoffmolekülen Atome und Ionen des Sauerstoffs, aus denen Ozon entsteht. Arten der elektrischen Entladung sind die stille elektrische Entladung (ohne Bildung von Funken und anderen sichtbaren Erscheinungen), die Glühentladung, die Bogen- und Funkenentladung sowie die Hochfrequenzentladung. Durch elektrische Entladungen kann es in Elektrizitätswerken, Versuchseinrichtungen für Hochenergieprozesse, Transformatorenstationen und Schaltzentralen zur unerwünschten Ozonbildung kommen, so daß die Ozonkonzentration der Luft an solchen Orten überwacht werden sollte.

Eine weitere Methode, Ozon zu erzeugen, besteht darin, die in der mittleren Atmosphäre durch die kurzwellige ultraviolette Sonnenstrahlung ($\lambda < 242$ nm) ausgelöste Dissoziation des Sauerstoffs (Gleichungen 3 und 4) auf künstlichem Wege zu erreichen. Für diesen Zweck wird mit geeigneten *Strahlungsquellen* wie Gasentladungsstrahlern (z. B. Quecksilberlampen, Edelgaslampen), Temperaturstrahlern (z. B. Wolframbandlampen) oder Kohlebogenlampen ultraviolette Strahlung erzeugt, die die Ozonbildung aus dem Luftsauerstoff anregt. Auch für diese Art der Ozonerzeugung gibt es Beispiele für eine unerwünschte Ozonbildung. Mancher wird sich vielleicht älterer Modelle der „Höhensonnen" erinnern, die für die Hautbräunung und für therapeutische Zwecke vor vielen Jahren in Gebrauch waren. Da diese Strahler auch kurzwellige UV-Strahlung abgaben, war bei ihrem Betrieb ein stechender Ozongeruch wahrnehmbar. Heute wird durch Auswahl geeigneter Strahler oder Einsatz von Filtern der kurzwellige UV-Strahlungsanteil, der zur Ozonbildung führt, unterdrückt. Nicht nur UV-Strahlung, sondern auch Neutronen- und Gammastrahlen sowie α-Strahlung löst eine Ozonbildung aus. Diese Art der Ozonerzeugung bezeichnet man als radiochemische oder *chemonukleare Methode*.

Wie in Abschn. 1.1 bereits erwähnt, wurde das Ozon von Schönbein bei der *Elektrolyse* des Wassers entdeckt. Die Elektrolyse von Sauerstoff enthaltenden Verbindungen in wäßrigen Lösungen von Säuren oder Basen kann generell zur Ozonerzeugung genutzt werden. Ozon kann aber auch ohne Elektrolyse durch *chemische Reaktionen* bestimmter Verbindungen wie H_2SO_4 und $K_2Cr_2O_7$ entstehen. Um den Zerfall des gebildeten Ozons

aufzuhalten, läßt man die Reaktion bei tiefen Temperaturen ablaufen (kryochemische Reaktion).
Eine einfache Art der Ozonerzeugung besteht darin, Luft oder
noch besser Sauerstoff über glühende Festkörper zu leiten oder
flüssigen Sauerstoff in einen Plasmastrom zu führen. Durch *Wär-
mezufuhr* wird der Sauerstoff dissoziiert und das Gleichgewicht
zwischen Sauerstoff und Ozon (Gl. (2)) zum Ozon hin verschoben
(endotherme Reaktion). Unerwünschte Ozonbildung durch Wär-
meprozesse tritt in Stahl- und Walzwerken, Gießereien und
Schmieden sowie beim Hochtemperatur-Schweißen auf. Sogar
im Haushalt kann man bei der Inbetriebnahme von Heizspiralen,
die in Heizkörper, elektrische Kochplatten, Grills, Toaster und
ähnliche Geräte eingebaut sind, einen Ozongeruch feststellen.
Zur Erzeugung großer Ozonmengen lassen sich die Methode
der stillen elektrischen Entladung und die chemonukleare Methode energieökonomisch anwenden. Die übrigen Verfahren
bleiben auf das Labor zur Erzeugung kleiner Ozonmengen be-
schränkt. Der Energieaufwand zur Erzeugung von 1 kg Ozon beträgt rund 6,7 kW·h bei der elektrischen Entladungsmethode
und 3,0 kW·h bei der chemonuklearen Methode, das sind bei
einem angenommenen Elektroenergiepreis von 28 Pf. pro
1 kW·h rund 1,87 M bzw. 0,85 M pro 1 kg Ozon.
Bis in die 50er Jahre unseres Jahrhunderts war die Meinung ver-
breitet, daß Ozon nicht gespeichert und deshalb nicht gehandelt
werden könnte, weil es zu schnell zerfällt. Dabei kann der Ozonzerfall durch höhere Temperaturen, durch Schock wie Stoß,
Schütteln, schnelle Änderung von Druck und Temperatur, sowie
in Gegenwart von Verunreinigungen sogar explosionsartig verlaufen. Die Schwellenwerte der Ozonkonzentration, oberhalb
derer die Gefahr der Explosion besteht, betragen bei Raumtemperatur für gasförmiges Ozon 9–16 %, wobei oberhalb von 50 %
schwere Detonationen zu erwarten sind, und im flüssigen Zustand 30 %. Mitangeregt durch die Perspektiven, die sich durch
die Möglichkeiten des Einsatzes des Ozons als Antrieb für Raketen eröffneten, begann in den 60er Jahren eine intensive Suche
nach Methoden zur Stabilisierung und sicheren Aufbewahrung
des Ozons. Man fand heraus, daß der Ozonzerfall durch Auswahl geeigneter Umgebungsbedingungen stark verlangsamt
werden kann und dadurch eine sichere längere Speicherung des
Ozons möglich ist. So nimmt bei Temperaturabnahme der Ozonzerfall schnell ab. Während beispielsweise die Halbwertszeit des
Ozonzerfalls – das ist die Zeit, in der die Hälfte der Ozonmasse
zerfällt – bei Raumtemperatur 20–100 Stunden beträgt, steigt sie

bei einer Temperatur von $-15\,°C$ auf 8 Tage und erreicht bei einer Temperatur von $-78\,°C$ schon mehr als 4 Monate. In gereinigten Edelstahlflaschen, deren Volumen aus Sicherheitsgründen durch ein Granulat von Aluminiumkügelchen reduziert wird, kann ein Ozon/Sauerstoffgemisch so über längere Zeit aufbewahrt werden. Ozon läßt sich auch als Gemisch mit Fluorchlorkohlenwasserstoffen (F-11, F-12, F-13, F-22, u.a.) speichern, die dem Ozon aufgrund ihrer hohen chemischen Stabilität nichts anhaben können.

Bei der Anwendung des Ozons sind einige Sicherheitsvorkehrungen zu treffen, die das Risiko der Explosion bzw. im Falle einer Explosion die Verletzungsgefahr für die Mitarbeiter herabsetzen. Dazu gehören Schutzbrillen, Lederhandschuhe und -schürzen, der Einbau von Plexiglaswänden und anderes mehr. Für Rohrleitungen, Ventile, Behälter und Apparate, in die Ozon eingeleitet werden soll, sind geeignete Materialien wie Edelstahl oder PTFE (Polytetrafluorethylen) zu verwenden, an die sich wegen ihrer Oberflächenbeschaffenheit praktisch keine Verunreinigungen anlagern. Speicherung und Transport künstlich erzeugten Ozons bieten sich insbesondere dann an, wenn nur geringe Ozonmengen benötigt werden. Wenn große Ozonmengen eingesetzt werden müssen, wird sicherlich die Ozonerzeugung am Ort der Anwendung die wirtschaftlichste Lösung darstellen.

3.2.   Reinigung von Trink- und Abwasser

Schon im vorigen Jahrhundert versuchte man, die giftige, keimtötende Wirkung des Ozons auszunutzen. So befaßten sich um 1890 Ohlmüller, Fröhlich und de Christas mit der Wirkung des Ozons auf Bakterien zum Zwecke der Herstellung keimfreien *Trinkwassers*. Im Jahre 1898 wurden von Siemens und Halske ebenfalls Versuche zur Trinkwasserreinigung mit Ozon begonnen, die unter Erlwein 1901 zur Errichtung eines Studienzwecken dienenden Ozonwasserwerkes in Martinikenfelde bei Berlin (im heutigen Stadtbezirk Charlottenburg) führten. In diesem Werk wurde Spreewasser gereinigt, das einen Gehalt von etwa 600 000 Keimen pro Kubikzentimeter aufwies. In großen Röhren- oder Plattenozonisatoren wurde Ozon produziert, von dem je $2,5\ \mu g\ 1\ m^3$ Wasser zugesetzt wurden. Die Versuche zeigten, daß die pathogenen Keime durch das Ozon völlig zerstört wurden, daß organische Stoffe im Wasser verringert sowie Geschmack und Farbe des Wassers verbessert wurden. Bald entstanden im damaligen Deutschland erste größere Ozonwasserwerke, so in Königsberg, Wiesbaden-Schierstein und Paderborn. Zur gleichen Zeit entstanden auch in Frankreich Ozonwasserwerke (beispielsweise das Werk in Nizza im Jahre 1906), die ein leicht modifiziertes Verfahren der Reinigung nutzten. Sogar Hausapparate zur Wassersterilisation kamen auf den Markt. Diese Apparate hatten zwar mitunter sehr klangvolle Namen wie Zonkyd oder Ozonisateur Otto, setzten aber leider häufig aus, so daß sie eine Gefahrenquelle für den Laien darstellten, der im Vertrauen auf die Qualität des gereinigten Wassers auf andere Vorsichtsmaßregeln beim Trinkwassergebrauch verzichtete.

Durch den Mangel an Elektroenergie im 1. Weltkrieg wurde die weitere Ausbreitung der Wasserbehandlung mit Ozon vorübergehend eingedämmt. Anstelle der Ozon-Wasserreinigung benutzte man zur Sterilisation verstärkt das billigere Verfahren mit Chlor. Trotzdem existierten 1936 in Frankreich noch etwa 100 und in anderen europäischen Ländern 30–40 Wasserwerke, die Ozon anwendeten. In der Mitte der 70er Jahre gab es allein in Frankreich 200 mit Ozon arbeitende Wasserwerke und etwa 1 000 in ganz Europa. Die größten waren das Pariser Werk mit einer Kapazität von 600 000 m^3 Wasser täglich und ähnlich große Werke in Brüssel, Gorki, Kiew, Manchester und Wrocław. Eine doppelt so hohe Kapazität wie das Pariser Wassserwerk haben inzwischen die Wasserwerke von Moskau und Montreal erreicht, die rund 200 kg Ozon pro Stunde verbrauchen! Auch in Kuba wurde 1986 in der Mineralwasserfabrik „Ciego Montero" in der Provinz Cienfuegos eine mit Ozon arbeitende Wasseraufbereitungsanlage mit dem Namen „Ozocenic" eingesetzt.

Die *Abwasserbehandlung* mit Ozon begann erst Ende der 60er Jahre in Großbritannien und den USA. Auch bei der Aufbereitung von Badewasser in Schwimmhallen wird Ozon erfolgreich zur Beseitigung von Sporen und Viren und zur Zersetzung des menschlichen Urins eingesetzt. Pro Badegast rechnet man immerhin mit einer Zahl der eingebrachten Keime von 600 000–3 Mill. und einer Urinmenge von 40 ml, die beseitigt werden müssen. Anlagen zur Aufbereitung des Badewassers mit Ozon werden seit Beginn der 50er Jahre in Schwimmbädern, z. B. von Stockholm, Helsinki, Bad Godesberg und Gundelfingen (BRD), eingesetzt. In der DDR sind seit mehreren Jahren neben einigen kleineren Schwimmhallen die Meeresschwimmhalle in Zinnowitz und das Sport- und Erholungszentrum in Berlin mit einer Ozonerzeugungsanlage ausgerüstet. Stündlich werden in diesen Bädern 200 m^3 bzw. 635 m^3 Wasser gereinigt. Pro Kubikmeter Wasser wird etwa 1 g Ozon benötigt, das auf elektrischem Wege gewonnen wird. Die Ozonbehandlung und die zum Schutz der Badegäste nachfolgende Desozonisierung mit Aktivkohlefiltern sind nur ein Schritt in der Wasseraufbereitung. Zuvor werden durch Zugabe von Chemikalien wie Aluminiumsulfat bestimmte Wasserzusätze ausgeflockt und durch anschließende Filtration mit Kiesfiltern entfernt. Nach der Ozonbehandlung ist eine geringe Chlorzugabe erforderlich, um die keimtötende Wirkung des an sich schon keimfreien Wassers auch im Schwimmbecken aufrechtzuerhalten.

Wie Tab. 4 zeigt, hat Ozon eine Reihe von Vorteilen gegenüber der Wasserreinigung mit Chlor. Es gibt keine Bakterien oder Viren, die resistent gegenüber Ozon sind. Ein Spurenrest von Ozon im Wasser wird deshalb gelegentlich als Anzeichen für die vollständige Desinfektion angesehen. Ozon oxydiert leicht organische und anorganische Verunreinigungen des Wassers und wandelt sie in mühelos zu beseitigende Stoffe um. Es hinterläßt selbst keine schädlichen Rückstände, wie sie u. U. bei der Chlorierung durch Chloramine, Chlorphenole oder andere, teilweise karzinogene chlorierte Kohlenwasserstoffe gebildet werden können. Da das Wasser durch Ozonbehandlung praktisch rein ist, können diese Stoffe aber auch bei nachfolgender zusätzlicher Chlorierung nicht entstehen. Das überschüssige Ozon zerfällt sehr schnell in molekularen Sauerstoff, der eine sonst notwen-

Tabelle 4. Anwendungsmerkmale des Ozons bei der Desinfektion und Aufbereitung von Trink- und Brauchwasser

1. Sterilisation

2. Beseitigung von Geschmack, Geruch und Farbe; Ausflockung kolloider Trübungen

3. Beseitigung von Eisen, Mangan und anderen Schwermetallen wie Blei

4. Beseitigung von Algen, Abbau von Humusstoffen und organischen Stoffen natürlicher Herkunft

5. Entgiftung durch Abbau von Verunreinigungen (Phenole, Zyanide), Azeton, chlorierten Pflanzenschutzmitteln, Reinigungsmitteln, karzinogenen Substanzen aus Industrie, Landwirtschaft und Haushalten, Öl, Farbstoffen

6. Desinfektion des zur Abfüllung vorgesehenen Wassers in der Getränkeindustrie sowie des zum Ausbrüten von Fischeiern, Austern und Schellfisch benötigten Wassers

7. Desinfektion von Badewasser in Schwimmhallen, Heilbädern und Aquarien

dige Belüftung des Wassers erübrigt. Die gegenüber Chlor geringere Löslichkeit des Ozons in Wasser kann durch geeignete Bedingungen wie geringe Temperatur, höheren Luftdruck und mechanische Vermischung des Ozons mit dem Wasser erhöht werden. Den zahlreichen Vorteilen der Anwendung von Ozon zur Wasserreinigung stehen leider noch die vergleichsweise höheren Energiekosten für die Ozonerzeugung gegenüber. So verhalten sich die Gesamtbetriebskosten für die Badewasseraufbereitung bei Nutzung von Chlor (Cl_2), bei Anwendung von Chlordioxid (ClO_2) und bei Anwendung von Ozon für kleine Schwimmbecken (200 m^3 Wasseraufbereitung pro Stunde) wie 1:2:4,5 und für große Schwimmbecken (3 000 m^3/h) immerhin wie 1:3,5:11,5.

3.3. Desinfektion und Haltbarmachung von Lebensmitteln

Die Eigenschaft des Ozons, schnell und wirksam Mikroorganismen wie Schimmelpilze, Sporen, Bakterien und Viren abzutöten, wird seit langem zur Erhöhung der Lagerdauer von leicht verderblichen Nahrungsmitteln und Tiefkühlkost ausgenutzt. Boillot und Vogel fanden bereits 1876/77, daß sich pflanzliche und tierische Stoffe in ozonreicher Luft bedeutend länger schimmelfrei halten. Die vermutlich erste Anwendung des Ozons für diese Zwecke datiert aus dem Jahr 1909, als in einem Kühllagerhaus in Köln die Reduzierung der Keimzahl auf der Oberfläche des tiefgefrorenen Fleisches festgestellt wurde, nachdem in der Ansaugleitung für die Frischluft zur Belüftung des Lagerraumes ein Ozongenerator installiert worden war.
Durch Einleitung von Frischluft, die mit Ozon angereichert ist, werden nicht nur Keime abgetötet, sondern auch Eigengerüche durch Behältnisse (feuchte Lattenkisten oder Roste) oder durch die Nahrungsmittel selbst (Käse, Fisch) verringert. Nach der Ozonbegasung mit einer Konzentration von etwa 1–3 ppm (parts per million = 10^{-6} Volumenanteile) können die Beschäftigten die Lagerräume wieder betreten, ohne nachteilige Folgen für die Gesundheit befürchten zu müssen. Auch für die Verlängerung der Lagerfähigkeit von Obst, Gemüse, Fleisch, Fisch und Käse wird die Ozonbegasung bereits erfolgreich eingesetzt. Fisch kann länger gelagert werden, wenn er in ozonhaltigem Wasser gewaschen oder in Eis gelagert wurde, das aus ozonhaltigem Wasser erzeugt wurde. Seit dem Ende der 30er Jahre wurden in den USA mehr als 80 % der Kühlhäuser für die Lagerung von Ei-

ern mit Ozonerzeugungsanlagen ausgerüstet. Die Erhöhung der Lagerfähigkeit von Obst durch Ozonbehandlung ist nicht nur auf die keimtötende Wirkung des Ozons zurückzuführen. Bei der Reifung der Früchte wird Ethylen freigesetzt, das den Reifeprozeß beschleunigt. Durch Ozon wird dieses Spurengas oxydiert und die Reifung des Obstes verlangsamt.

Von den vielfältigen Anwendungsmöglichkeiten des Ozons können nur einige erwähnt werden. Ozon beschleunigt die Alterung des Weins, wie Rumine schon 1872 feststellte, vermeidet die Trübung und verfeinert das Bouquet. Bei der Bierherstellung wird mit Ozon gereinigtes Wasser bevorzugt, weil bei phenolhaltigem Wasser durch Chlorierung Chlorphenole gebildet werden, die Geruch und Geschmack des Wassers und somit die Qualität des Bieres nachteilig beeinflussen. Ein wesentliches Anwendungsgebiet des Ozons ist die Desinfektion von Rohrleitungen, Filtern und Tanks, die in Brauereien, Molkereien, Mineralwasserfabriken und Lagerhallen eingesetzt sind. Seit Ozon in den 30er Jahren erstmalig in den Abwasserwerken von New York zur Geruchsbeseitigung genutzt wurde, wird es für diesen Zweck auch in Branntweinbrennereien, Gerbereien, Papier- und Kunstseidefabriken, Viehställen und anderen geruchsintensiven Produktionsstätten angewendet. In Büro- und Tagungsräumen sowie in Theatern wurde Ozon ebenfalls zur Beseitigung unangenehmer Gerüche (Zigarettenrauch, Körpergeruch u. a.) eingesetzt. Bereits im Jahre 1909 wurde eine Luftverbesserungsanlage auf Ozonbasis zur Verminderung des Keimgehaltes der Luft in einem Hallenbad in Heidelberg eingeführt und bis zum 1. Weltkrieg betrieben. Zu Recht warnte allerdings E. Fonrobert im Jahre 1916 davor, künstlich erzeugtes Ozon in Räume einzuleiten, in denen sich Menschen aufhalten. Er warnte auch vor den damals im Handel angebotenen Ozonlüftern mit den Namen Aquozon, Dohi, Ozonlampe und Aërozin.

Die desinfizierende Wirkung des Ozons nutzt man in der Medizin zur Sterilisation von Binden und chirurgischen Instrumenten. Weitere Anwendungsgebiete für künstlich erzeugtes Ozon sind die Bleichung von Garnen und Stoffen, von Bienenwachs, Stärke, Mehl, Stroh, Bohnen und Federn. Ein neues Einsatzgebiet eröffnet sich in der Raketenindustrie, wo Ozon in höchster Reinheit als Treibstoff verwendet wird.

4. Ozon in der Erdatmosphäre

4.1. Entwicklung der Atmosphäre

Nach dem Abstecher in den Bereich der Anwendung künstlich erzeugten Ozons wenden wir uns wieder dem in der Luft enthaltenen Ozon zu. Ozon war nicht immer in der Atmosphäre der Erde enthalten. Zumindest darüber sind sich die Experten einig. Unterschiedliche Auffassungen und Hypothesen existieren darüber, wie sich die Zusammensetzung der Atmosphäre im Verlauf der Erdgeschichte entwickelt hat. Eine als sehr wahrscheinlich anzusehende Erklärung ist die folgende. Nachdem sich unser Sonnensystem und mit ihm die Erde vor rund 4,5 Mrd. Jahren aus dem solaren Urnebel gebildet hatte, entstand die erste Atmosphäre oder *Uratmosphäre*, vornehmlich aus Wasserdampf (H_2O), Kohlendioxid (CO_2) und Stickstoff (N_2) bestehend. Der Wasserdampf kondensierte zu Wasser, das als Niederschlag ausfiel und sich zu den Ozeanen anreicherte. Das CO_2 und ein Teil des Wasserdampfes wurde durch die im jüngeren Sonnenstadium um etwa 2 Größenanordnungen intensivere ultraviolette Sonnenstrahlung dissoziiert; dadurch wurde ein Bruchteil der heutigen Sauerstoffmenge gebildet. Die Entwicklung des Lebens, erster primitiver Algen, schuf die Voraussetzung für eine wesentliche Zunahme der Sauerstoffkonzentration in der Atmosphäre. Unter der Einwirkung der Sonnenstrahlung vermögen die Algen aus Wasser und dem Kohlendioxid der Luft Sauerstoff zu bilden. Diese als *Photosynthese* bekannte Reaktion

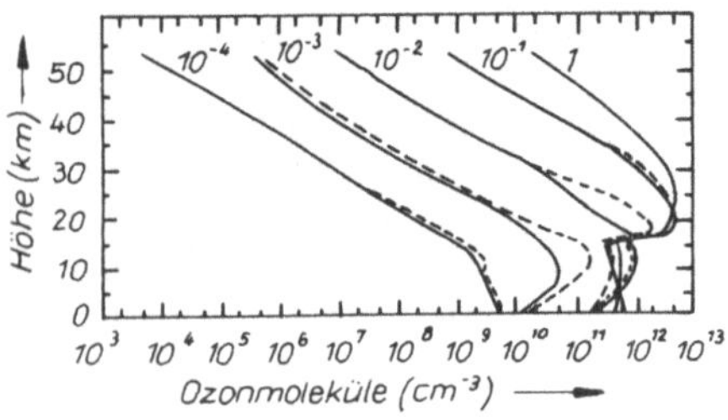

Abb. 20. Berechnete vertikale Ozonverteilung in der Atmosphäre für verschiedene Niveaus des Sauerstoffpartialdrucks (10^{-4} bedeutet O_2-Gehalt in der Größe von 10^{-4} mal heutiger Gehalt) mit (⸺) und ohne (···) Berücksichtigung der Chlorchemie (Levine, 1985)

muß anfangs im Wasser oder in der Nähe der Oberfläche bzw. in Teppichen oder Matten aus abgestorbenen Pflanzenteilen stattgefunden haben, weil ein großer Teil der lebensfeindlichen kurzwelligen UV-Strahlung der Sonne wegen des fehlenden Ozons der Atmosphäre noch bis zum Erdboden durchdringen konnte. Modellrechnungen zeigen, daß der Sauerstoffgehalt der Atmosphäre vor 2 Mrd. Jahren etwa 1 % des heutigen Niveaus betragen haben dürfte. Parallel zum Anstieg des Sauerstoffgehaltes bildete sich infolge der Dissoziation des Sauerstoffes durch die UV-Strahlung der Sonne das Ozon (Abb. 20). Da das Ozon selbst UV-Strahlung absorbiert (Hartley-Bande), ließ es die zu seiner Bildung erforderliche kurzwellige UV-Strahlung mit Wellenlängen $\lambda < 242$ nm nicht mehr bis zum Erdboden durch, so daß sich nach und nach das Maximum des Mischungsverhältnis-

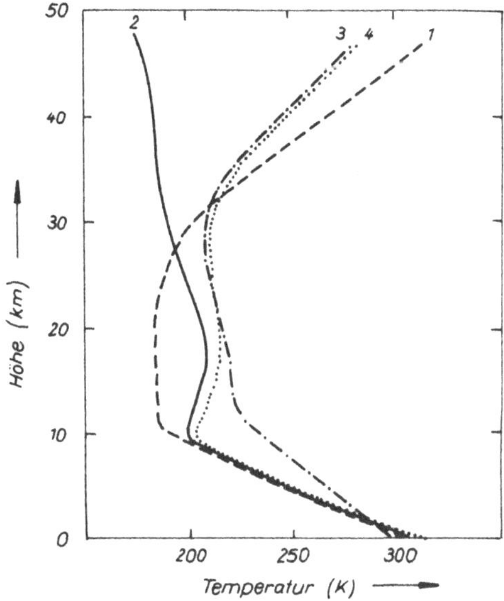

Abb. 21. Mit einem Strahlungstransportmodell berechnete vertikale Temperaturverteilung in der Atmosphäre
4 bei Erreichung der Strahlungsgleichgewichtstemperatur, d. h. ohne vertikalen Lufttransport (Konvektion); *3* wie *4*, jedoch mit Konvektion in der Troposphäre (bis 12 km); *2* wie *4*, jedoch ohne Absorption der UV- und der sichtbaren Strahlung durch das Ozon; *1* wie *4*, jedoch ohne Absorption und Emission der langwelligen Strahlung (9,6 µm) durch Ozon (Karol u. a., 1983)

ses Ozon/Luft in höhere Schichten der Atmosphäre verlagerte. Bei einer Sauerstoffkonzentration von etwa 10 % des heutigen Niveaus waren etwa 50 % der gegenwärtig vorhandenen Ozonmenge erreicht. Mit zunehmender Sauerstoffkonzentration entwickelten sich Lebewesen, die den Sauerstoff für ihre Atmung verbrauchten. Der zunehmende Ozongehalt in der mittleren Atmosphäre und die dadurch abnehmende UV-Strahlung in Erdbodennähe ermöglichten es diesen Lebewesen auch, sich aus dem Strahlungsschutz des Wassers zu entfernen und sich längere Zeit auf den Landflächen der Erde aufzuhalten. Mit der Bildung des Ozons in der Atmosphäre muß sich auch grundlegend die Temperaturverteilung mit der Höhe geändert haben. Modellrechnungen zeigen, daß ohne das die Strahlung der Sonne absorbierende Ozon die mittlere Atmosphäre in rund 50 km Höhe um mehr als 50 K kälter sein müßte und daß die Temperatur in Erdbodennähe um 3–4 K niedriger wäre (Abb. 21). Das ist dadurch bedingt, daß in der mittleren Atmosphäre weniger Sonnenstrahlung absorbiert wird und daß durch die verringerte nach unten gerichtete langwellige Strahlung bei geringerem Ozongehalt auch die Strahlungsabsorption am Erdboden geringer ist.

4.2. Das stratosphärische Ozon

Die gesamte Atmosphäre enthält etwa $3,3 \cdot 10^{12}$ kg (das sind 3,3 Mrd. t) Ozon. Das ist eine gewaltige Masse, aber verglichen mit der Masse der Atmosphäre von etwa $5,1 \cdot 10^{18}$ kg, beträgt der Ozonanteil nur $6,4 \cdot 10^{-5}$ %. Der größte Teil des Ozons, global etwa 95 %, ist in der Stratosphäre (10–50 km Höhe) konzentriert. Der Hauptteil des atmosphärischen Ozons wird durch die Dissoziation des Sauerstoffs in der mittleren Atmosphäre zwischen etwa 30 und 50 km Höhe insbesondere in tropischen Gebieten gebildet, wo die kurzwellige UV-Strahlung der Sonne ($\lambda < 242$ nm) besonders intensiv ist. Global werden durch diese Photodissoziation pro Sekunde $5 \cdot 10^{31}$ Ozonmoleküle gebildet, das entspricht einer Masse von 126 Mrd. t ($1,26 \cdot 10^{14}$ kg) Ozon pro Jahr. Da das Ozon die ultraviolette Strahlung selbst absorbiert, begrenzt es praktisch die Ozonproduktion. Die Eindringtiefe der ultravioletten Sonnenstrahlung hängt deshalb auch von der Wellenlänge ab (Abb. 22).
Um die Prozesse der Ozonproduktion und des Ozonabbaus verstehen zu können, müssen wir uns einige chemische Reaktionen

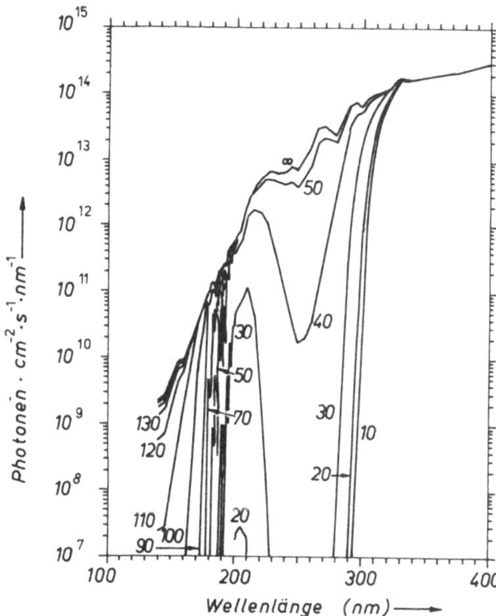

Abb. 22. Bestrahlungsstärke der Sonnenstrahlung als Funktion der Wellenlänge und Höhe über der Erdoberfläche in Kilometer (∞ bedeutet oberhalb der Atmosphäre) für 30° Sonnenhöhe (nach Turco, 1985)

ansehen, die über die in Kap. 2 erläuterten hinausgehen. Das Ozon wird durch längerwellige Strahlung, die tiefer in die Atmosphäre eindringen kann, auch wieder zerstört:

$$O_3 + h\nu \rightarrow O_2 + O, \qquad \lambda < 1\,180\,nm \tag{7}$$

($h\nu$ ist die Energie der Strahlung mit der Wellenlänge $\lambda = c/\nu$, c die Lichtgeschwindigkeit, ν die Frequenz der Strahlung). Darüber hinaus wird das Ozon auch durch die sog. Rekombination, d. h. durch Reaktion mit atomarem Sauerstoff, abgebaut:

$$O_3 + O \rightarrow 2\,O_2 . \tag{8}$$

Diese im Jahre 1930 von S. Chapman gefundenen Reaktionen können allerdings die in der Atmosphäre beobachtete Ozonverteilung·allein nicht beschreiben. Erst in den 60er Jahren und zu Beginn der 70er Jahre entdeckten verschiedene Forschergruppen eine Reihe von katalytischen Reaktionen der Ozonzerstörung:

$$X + O_3 \rightarrow XO + O_2 \qquad (9)$$
$$XO + O \rightarrow X + O_2 \qquad (10)$$

$$\text{Netto: } O_3 + O \rightarrow O_2 + O_2. \qquad (11)$$

Das Symbol X steht hier nur stellvertretend für ein Molekül NO, H, OH, Cl oder Br. Es ist üblich, für die reaktionsfreudigen Radikale Sammelbegriffe zu benutzen. So werden Wasserstoffradikale als HO_x (H, HO, HO_2, H_2O_2 etc.), Stickstoffradikale als NO_x (N, NO, NO_2, NO_3, N_2O_5, HNO_2, HNO_3 u.a.), Chlorverbindungen als ClO_x und Bromverbindungen als BrO_x bezeichnet. Die Radikale werden durch photochemische Reaktionen aus sog. *Quellgasen* gebildet, die durch natürliche chemische oder biologische Prozesse an der Erdoberfläche oder durch die Tätigkeit des Menschen in die Atmosphäre abgegeben werden. Im Unterschied zu den Hauptkomponenten der Luft (Tab. 5) werden Radikale und Quellgase als *Spurengase* oder *Spurenkomponenten* bezeichnet, weil ihre Konzentrationen außerordentlich gering sind (10^{-4}–10^{-12} Volumenanteile). Während die Konzentrationsverhältnisse der Hauptkomponenten bis in große Höhen relativ konstant sind, ändern sich die Konzentrationen vieler Spurengase mit zunehmender Höhe.

Tabelle 5. Hauptkomponenten der Luft

Gas	Volumenanteil in %
Stickstoff N_2	78
Sauerstoff O_2	21
Argon Ar	0,93
Kohlendioxid CO_2	0,03

Die Ozonkonzentration beträgt in der mittleren Stratosphäre maximal 10 ppm(v), das sind 10^{-5} Volumenanteile oder 10 cm³ Ozon pro 1 m³ Luft (Abb. 23). Es ist schon verblüffend, daß Gase, deren Konzentrationen noch um mehrere Größenordnungen geringer sind als die des Ozons, nachhaltig zur Änderung der Ozonkonzentration beitragen können. Der Grund dafür liegt darin, daß der Katalysator X den chemischen Reaktionszyklus (9) und (10) 10^2–10^7mal durchlaufen kann, bevor er durch andere chemische Reaktionen in stabile Verbindungen umgewandelt wird und letztlich aus der Atmosphäre entweder durch direkten Kontakt mit der Erdoberfläche oder als Aerosol durch die Schwerkraft bzw. mit dem Niederschlag ausfällt. Gegenwärtig sind rund 200 chemische Reaktionen bekannt, die für den Spurengashaushalt der mittleren Atmosphäre eine Rolle spielen. Der Anteil der einzelnen Radikalgruppen am Ozonabbau ist von mehreren Faktoren abhängig, insbesondere von der Konzentration der Reaktionspartner, meist auch von der Temperatur und vom Luftdruck.

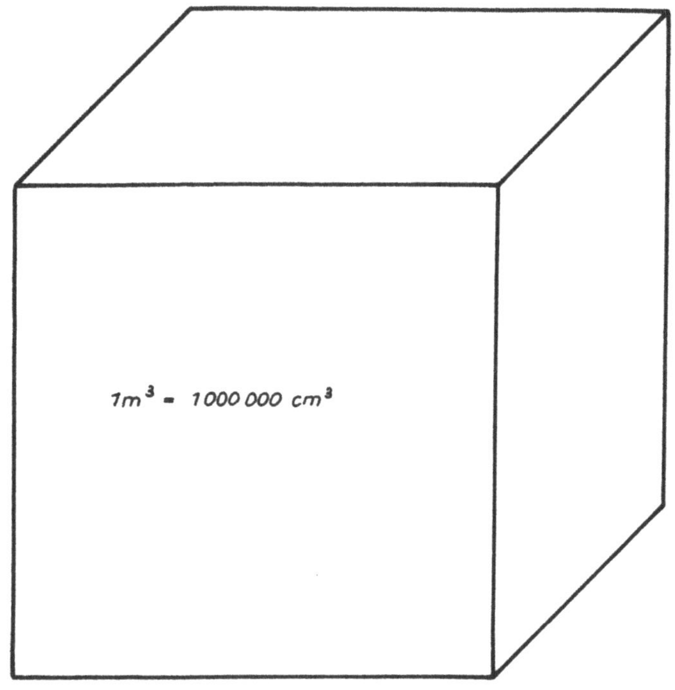

Abb. 23. Größenvergleich von Spurengaskonzentrationen. Die mittlere Ozonkonzentration in Erdbodennähe ergäbe in dieser Darstellung einen Würfel mit einer Kantenlänge von etwa $\frac{1}{8}$ der Kantenlänge des kleinen Würfels; Spurengase im ppt-Bereich (10^{-12} Volumenanteile), wie einige der in Tab. 11 erwähnten, hätten eine Kantenlänge von nur etwa $\frac{1}{100}$ dieser Länge.
Der kleine Würfel gibt die Menge des Ozons in der mittleren Stratosphäre an, also im Ozonmaximum, im Vergleich zur umgebenden Luft (großer Würfel).
10 ppm (v) = 10 cm³/m³

Abb. 24 zeigt, daß der Einfluß der Stickoxide NO_x auf den Ozonabbau in der unteren und mittleren Atmosphäre dominiert und
daß im Höhenbereich von 40–45 km die Rolle der Chlorverbindungen zunimmt. Rekombinationsprozesse (Gl. (8)) liefern im
Stratopausenbereich ($\approx$ 50 km) den größten Beitrag, und HO_x
führt zur Ozonzerstörung vor allem in der Mesosphäre (oberhalb
von 50 km) und in der Troposphäre (0–10 km).

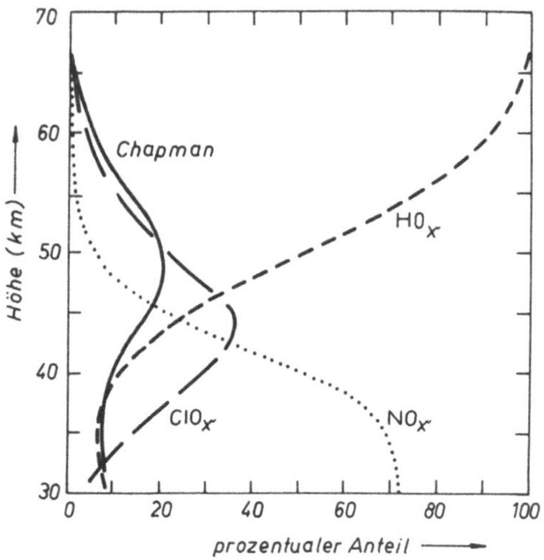

Abb. 24. Verhältnis des Abbaus von $O + O_3$ durch verschiedene Spuren-
gaskomplexe HO_x, NO_x, ClO_x (gemäß Gl. (9)–(11)) und durch den sog.
Chapman-Zyklus O_x (gemäß Gl. (8)) zur Produktion von O_x nach Modellrechnungen für mittlere geographische Breiten

Die Geschwindigkeit der Photodissoziation, durch die unter dem
Einfluß der kurzwelligen UV-Strahlung der Sonne stabile chemische Verbindungen in reaktionsfreudige Radikale aufgespalten
werden, hängt von der Aufnahmefähigkeit der Gase für die
Strahlung und von der Energie der Sonnenstrahlung in dem jeweiligen Spektralbereich ab, d. h., sie ist auch von der Tages-
und Jahreszeit und von der Höhe über dem Erdboden abhängig.
In der oberen Stratosphäre im Bereich von 40–50 km Höhe benötigen beispielsweise die Reaktionen zur Bildung und Zerstörung des Ozons bis zur Einstellung eines Gleichgewichtszustan-
des weniger als einen Tag, im Bereich von 30–40 km schon
mehrere Tage und unterhalb von 30 km mehrere Wochen bis einige Monate. Kurzzeitige Änderungen der Ozonkonzentration

werden in der unteren Stratosphäre nicht mehr durch photochemische Prozesse, sondern durch atmosphärische Bewegungsvorgänge erzeugt. Die atmosphärische Zirkulation ist Ursache
dafür, daß das in der mittleren Stratosphäre tropischer Gebiete
gebildete Ozon polwärts nach Norden und Süden transportiert
wird und in tiefere Schichten der Atmosphäre gelangt. Eine
wichtige Rolle beim Ozontransport spielen hierbei turbulente,
d. h. ungeordnete Bewegungen und Wellenprozesse. Während
das Mischungsverhältnis Ozon/Luft annähernd die Verteilung
der Ozonquellen mit Maximalwerten in tropischen Gebieten wie-
dergibt (Abb. 25), führen die sehr effektiven Transportprozesse
dazu, daß sich die Hauptmasse des Ozons in hohen geographischen Breiten befindet (s. Abb. 9). Wegen der unterschiedlichen
Land/Meer-Verteilung in beiden Hemisphären unterscheiden
sich die Zirkulationsprozesse auf der Nordhalbkugel von denen
auf der Südhalbkugel, so daß in der nördlichen Hemisphäre

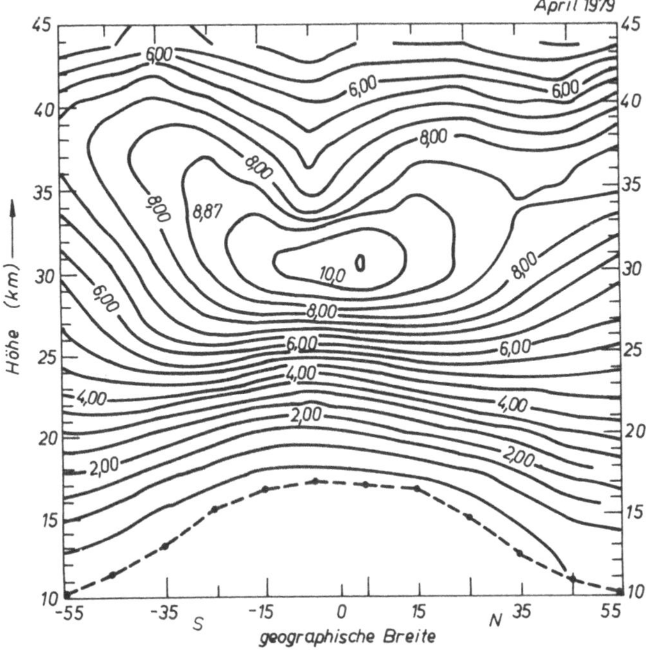

Abb. 25. Volumenmischungsverhältnis Ozon/Luft in ppm (10^{-6} Volumenanteile) nach Messungen des Stratospheric Aerosol and Gas Experiment
auf dem Satelliten AEM-2 für April 1979 (McCormick u. a., 1980)

i. allg. höhere Ozonwerte beobachtet werden als in der südlichen. Im Jahresverlauf treten die höchsten Ozonwerte im Frühjahr auf, wenn die Transportprozesse besonders effektiv sind.

Ein besonderes Phänomen im Jahresgang des Gesamtozongehaltes wird im Zusammenhang mit den *stratosphärischen Erwärmungen* beobachtet, die im Jahre 1952 von Richard Scherhag (1907–1970) entdeckt wurden. Da Scherhag diese Erscheinung in Berlin (West) in dem von ihm geleiteten Institut entdeckte, wird der Effekt auch als *Berliner Phänomen* bezeichnet. Zum Ende des Winters wird die über dem Nordpolargebiet während der Polarnacht abgekühlte Luft der.Stratosphäre durch kräftige Schübe wesentlich wärmerer und an Ozon reicherer Luft aus niederen geographischen Breiten ersetzt. In Verbindung damit bricht die winterliche, stabile stratosphärische Westwindzirkulation in hohen Breiten zusammen und geht vorübergehend für Tage bis Wochen in eine für Sommer typische Ostwindzirkulation über. In den Ozonmeßreihen mittlerer und hoher Breiten machen sich diese Zirkulationsumstellungen durch plötzliche starke Anstiege des Gesamtozongehaltes bemerkbar.

Ein ebenfalls sehr enger Zusammenhang zwischen Gesamtozon und Transportprozessen wurde schon 1925 bei den ersten Ozonmessungen durch Dobson und Harrison bemerkt. Sie fanden, daß beim Durchgang von Tiefdruckgebieten nach dem Durchzug einer Kaltfront beim Anstieg des Luftdrucks in der Polarluftmasse der Ozongehalt plötzlich ansteigt, in Extremfällen in weni-

Tabelle 6. Extremwerte des Gesamtozons nach Khrgian (1986)

N_A: Zahl der Fälle mit $X \geq 550\,\mathrm{D}$
N_B: Zahl der Fälle mit $X \geq 600\,\mathrm{D}$
X_{max}: absolutes Ozonmaximum in D

Station	Land	Geogr. Breite	N_A	N_B	X_{max}	Zahl der Beob.-Jahre	
Jakutsk	UdSSR	62° N	49	14	660	13	Zeit-
Nagajewo	UdSSR	60° N	31	0	596	12	raum
Irkutsk	UdSSR	52° N	27	1	606	13	1971 bis
Bolschha Elan	UdSSR	47° N	53	1	600	12	1983
Resolute	Kanada	75° N	118	9	640	25	
Churchill	Kanada	59° N	41	0	587	20	Zeit-
Aarhus	Dänemark	56° N	14	0	590	25	raum
Goose Bay	Kanada	53° N	25	0	587	23	1960 bis
Hradec Králové	ČSSR	50° N	1	0	563	6	1984
Caribou	Kanada	47° N	8	1	631	22	
Sapporo	Japan	43° N	31	0	593	25	

gen Stunden um etwa 30 %. Außergewöhnlich hohe Ozonwerte über 550 D treten in hohen Breiten im Winter und Frühjahr gelegentlich auf (Tab. 6). Werte über 600 D sind allerdings schon sehr selten. Die geringsten Ozonwerte werden in tropischen Gebieten mit etwa 200 D gemessen, wenn man einmal von dem antarktischen Ozonminimum absieht, auf das noch näher eingegangen wird.

Ein geringer Teil des stratosphärischen Ozons wird in die Troposphäre befördert (Abb. 26). Dabei muß die *Tropopause* überwunden werden, die als Temperaturminimum in einer Höhe von etwa 8 km (hohe Breiten) bis 17 km (Tropen) die Grenze zwischen den beiden Stockwerken Troposphäre und Stratosphäre

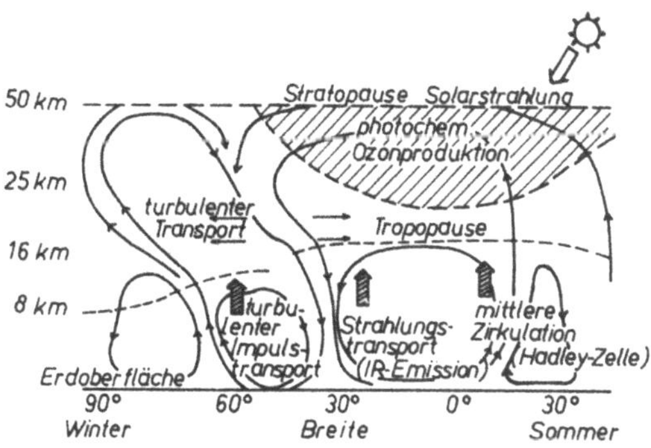

Abb. 26. Schematische Darstellung der Kopplung von Strahlung und Dynamik in der Troposphäre und Stratosphäre (Ramanathan, 1979)

darstellt. Zwischen der niedrigen polaren Tropopause und der hohen Tropopause tropischer Gebiete existieren insbesondere in subtropischen Gebieten Unterbrechungen, sog. *Tropopausenbrüche*. Man nimmt an, daß ein großer Teil des Ozontransportes gerade durch solche Tropopausenbrüche erfolgt.

4.3. Das troposphärische Ozon

Bis in die 70er Jahre hinein herrschte unter Fachleuten die Meinung vor, daß die einzige Quelle des in der Troposphäre vorhandenen Ozons der Ozontransport aus der Stratosphäre ist. Auch wenn sich nur etwa 5 %, in mittleren Breiten etwa 10 %, des Gesamtozons in der Troposphäre befinden, so reicht der Transport von oben nicht aus, um die Ozonkonzentration in der Troposphäre und die Ozonzerstörung durch Kontakt mit dem Erdboden erklären zu können. Es lag nahe, eine Ozonquelle in der Troposphäre selbst zu vermuten. Die direkte Ozonproduktion durch die Tätigkeit des Menschen konnte ausgeschlossen werden, weil alle bekannten Quellen wie Plasmaschweißen, elektrische Funken und stille elektrische Entladungen an Hochspannungsanlagen, UV-Strahler, glühende Metalle u. ä. im globalen Maßstab vernachlässigbar sind. Auch die Ozonerzeugung durch Blitze, die bei einer mittleren Blitzfrequenz von 100 Schlägen pro Sekunde etwa 3 Größenordnungen unter der erforderlichen Quellgröße liegt, schied als maßgebliche Ozonquelle aus. Die Sauerstoffphotolyse mußte als mögliche Quelle des troposphärischen Ozons ebenfalls ausscheiden, weil die dafür erforderliche Sonnenstrahlung mit Wellenlängen $\lambda < 242$ nm die Troposphäre nicht erreicht. Zur Beantwortung der Frage nach der Herkunft eines großen Teils des troposphärischen Ozons ist es zweckmäßig, sich des sog. *Photosmogs* (Smog von smoke $\triangleq$ Rauch und fog $\triangleq$ Nebel, Photo deutet auf die Beteiligung der Strahlung hin) zu erinnern, bei dessen Auftreten in den 50er Jahren in Kalifornien außerordentlich hohe Ozonkonzentrationswerte in Erdbodennähe gemessen worden waren. Begünstigt wurde die Bildung des kalifornischen Photosmogs durch die Kessellage des Gebietes und die große Häufigkeit von Temperaturinversionen (Temperaturzunahme mit der Höhe anstelle der normalen Abnahme) in 1–1,5 km Höhe, die als Sperrschicht den Luftaustausch der untersten Atmosphärenschicht mit der freien Atmosphäre wie eine Glocke verhindert. Entscheidend für die Bildung des Photosmogs ist die hohe Konzentration von Spurengasen aus Kraftfahrzeugen, Industrie und Kraftwerken und die sehr intensive Sonnenstrahlung. Die für die Ozonbildung durch die Reaktion

$$O + O_2 + M \rightarrow O_3 + M \tag{11}$$

erforderlichen Sauerstoffatome werden insbesondere durch Photolyse des Stickstoffdioxids unter der Einwirkung der UV-Strahlung der Sonne gebildet:

$$NO_2 + h\nu \rightarrow NO + O, \qquad \lambda < 400\,\text{nm}. \tag{12}$$

Diese Reaktion läuft nur tagsüber ab und ist im Sommer und in subtropischen Gebieten wegen der starken Sonnenstrahlung und der größeren Sonnenscheindauer besonders intensiv. Bereits in den Jahren 1937 und 1938 führte H. Tichy in Schreiberhau 700 m ü. NN Parallelmessungen der Ozonkonzentration in Bodennähe und der ultravioletten Sonnenstrahlung bei wolkenlosen Bedingungen durch und fand, daß beide Parameter einen ähnlichen Tagesgang haben (Abb. 27a). Tichy und andere nach ihm nahmen allerdings an, daß der Zusammenhang indirekt ist und ausschließlich von dem tagsüber bei starker Sonneneinstrahlung erhöhten vertikalen Abwärtstransport von Ozon aus der freien Troposphäre herrührt. Auch neuere Messungen, so die UV-Strahlungsmessungen und die Messungen des bodennahen Ozons in Potsdam, zeigten einen parallelen Tagesgang, der aber wegen der Bewölkung und der Änderungen der vertikalen Austauschströme beträchtlichen Änderungen von Tag zu Tag unterliegt (Abb. 27b).

Andererseits wird Ozon nach Gl. (9) durch NO in molekularen Sauerstoff und Stickstoffdioxid zurückgebildet

$$NO + O_3 \rightarrow NO_2 + O_2 , \tag{13}$$

so daß Ozonproduktion und Ozonzerstörung in der Troposphäre eine Gleichgewichtskonzentration des Ozons erzeugen. Ent-

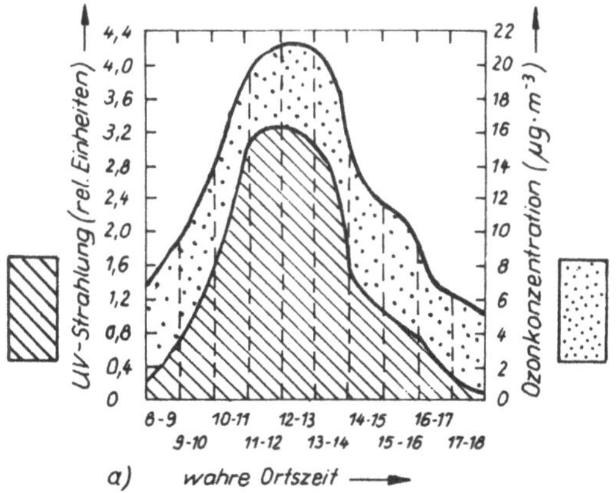

Abb. 27a. Tagesgang der Bestrahlungsstärke der UV-Globalstrahlung am Erdboden (gestrichelt) und der bodennahen Ozonkonzentration (gepunktet) in Schreiberhau (700 m ü. NN) im Frühjahr 1937 (Mittel aus 13 an wolkenlosen Tagen durchgeführten Messungen)

scheidend für die Erklärung der Zunahme der Ozonkonzentration bei Photosmoglagen oder auch für die Beschreibung der langzeitlichen Ozonzunahme war die Entdeckung von P. J. Crutzen, W. Chameides, J. C. Walker und anderen Forschern zu Be-

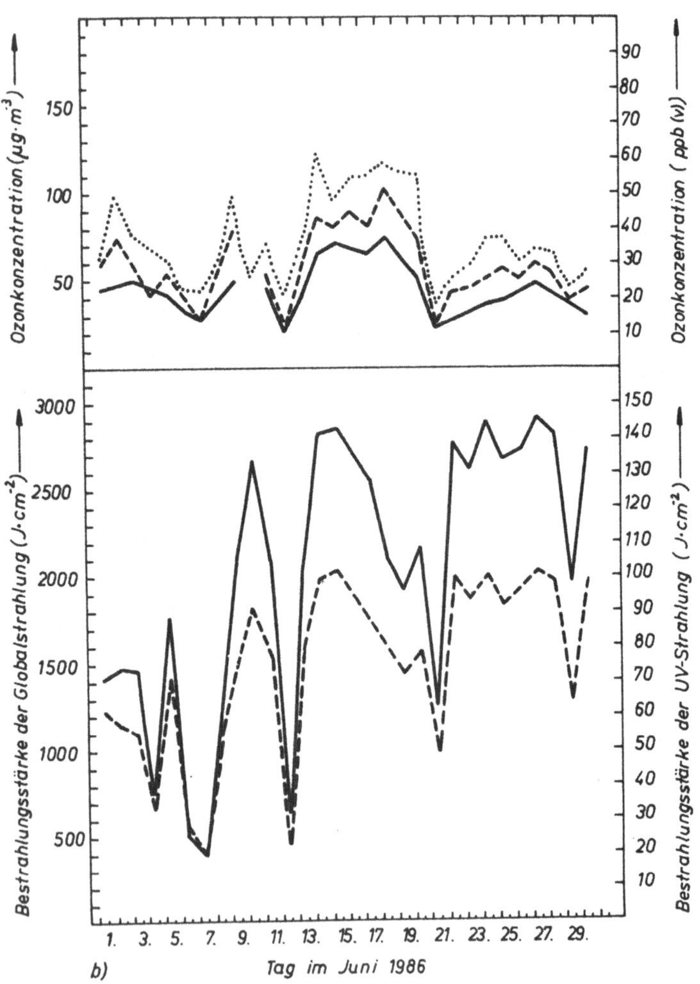

b. Tagesmittel (————), Tageslichtmittel (8–16 Uhr) (- - -) und 1-Stunden-Maximalwerte (...) des bodennahen Ozons sowie Tagessummen der Bestrahlungsstärke der Global- (————) und der UV-Strahlung (- - -) ($\lambda < 375$ nm) in Potsdam im Juni 1986

ginn der 70er Jahre, daß das Stickoxid NO auch durch andere
Gase wie Peroxy-Radikale RO_2 zu NO_2 oxydiert wird:

$$NO + RO_2 \rightarrow NO_2 + RO \,. \tag{14}$$

R steht für ein Wasserstoffatom H oder ein organisches Radi-
kal CH_3, CH_3CH_2 usw. Durch die Reaktion (14) geht weniger
Ozon in der Reaktion (13) verloren. Voraussetzung ist, daß genügend Peroxy-Radikale RO_2 zur Verfügung stehen. Diese RO_2-Ra-
dikale werden aus flüchtigen organischen Verbindungen gebildet, die insbesondere durch die Vegetation einschließlich des
Waldes, durch Verdauungsprozesse bei Tieren und durch die
Verbrennung fossiler Brennstoffe (Erdöl, Erdgas, Kohle) in Kraftfahrzeugen, Flugzeugen, Kraftwerken u.ä. in die Atmosphäre gelangen. Auch die Stickoxide NO_x, durch die jährlich etwa
25–90 Mill. t Stickstoff in die Atmosphäre abgegeben werden,
entstammen nach Schätzungen von Crutzen zu 30–75 % anthropogenen Quellen. In dichtbesiedelten Ländern Europas ist dieser
Anteil noch wesentlich höher.

Dieser kleine Exkurs in die chemischen Prozesse der Atmosphäre mag deutlich gemacht haben, daß das Ozon in der
Troposphäre auch durch photochemische Reaktionen aus Stickoxiden und Kohlenwasserstoffen, die deshalb als *Ozonvorläufer*
bezeichnet werden, gebildet werden kann. Voraussetzung für
die photochemische Ozonproduktion ist das Vorhandensein ul-
travioletter Strahlung. Der Abbau des Ozons erfolgt durch Kontakt mit dem Erdboden, durch Photolyse unter der Einwirkung
kurzwelliger UV-Strahlung und nachfolgende Reaktion der angeregten O-Atome O (^{1}D) mit dem immer vorhandenen Wasserdampf H_2O:

$$O_3 + h\nu \qquad \rightarrow O\,(^1D) + O_2\,, \qquad \lambda < 310\,\text{nm} \tag{15}$$
$$O\,(^1D) + H_2O \rightarrow 2\,OH \tag{16}$$

sowie durch Reaktion mit Hydroxyl-Radikalen OH

$$O_3 + OH \rightarrow HO_2 + O_2 \tag{17}$$
$$O_3 + HO_2 \rightarrow OH + 2\,O_2 \,. \tag{18}$$

Die photochemische Ozonbildung läßt sich auch im Experiment
nachweisen. Für diesen Zweck wird eine definierte Menge von
Stickoxiden und flüchtigen organischen Verbindungen in ein Be-
hältnis gegeben, das ein für ultraviolette Strahlung durchlässiges

Fenster besitzt. Nach einigen Stunden Sonnenbestrahlung steigt die Konzentration von Photooxidantien wie Ozon, NO_2 und Peroxyacetylnitrat $CH_3C(O)O_2NO_2$ an, während die Konzentration von NO abnimmt (Abb. 28).

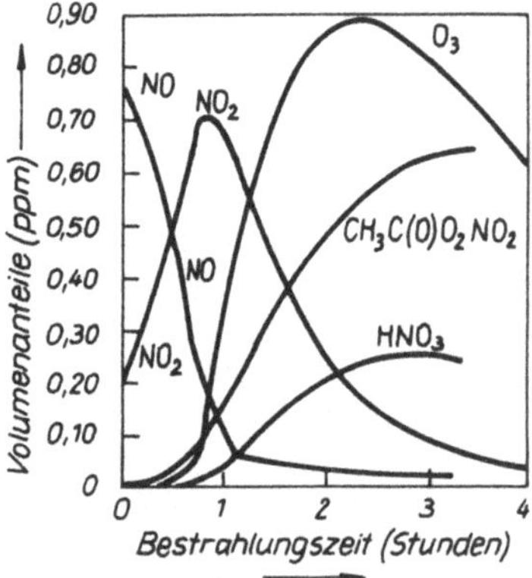

Abb. 28. Resultat der Sonnenbestrahlung einer simulierten Kfz-Abgasmischung von Stickoxiden in einer Bestrahlungskammer. Die Bildung von Distickstoffoxid NO_2, Ozon, Peroxyacetylnitrat und Salpetersäure HNO_3 im Ergebnis photochemischer Reaktionen ist erkennbar

Nach vorläufigen Schätzungen der globalen Größen der einzelnen Quellen und Senken des Ozons der Troposphäre beträgt der Anteil des Ozontransports aus der Stratosphäre in die Troposphäre und die Ozonzerstörung am Erdboden nur etwa ⅓ des Betrags der photochemischen Ozonproduktion in der Troposphäre bzw. der Ozonzerstörung am Erdboden (Tab. 7). Das unterstreicht die große Bedeutung der photochemischen Prozesse in der unteren Atmosphäre für den Ozonhaushalt. Auf der Nordhalbkugel der Erde wird auf Grund der höheren Konzentrationen der Ozonvorläufer – das sind Stickoxide, Kohlenwasserstoffe und Kohlenmonoxid – 4mal soviel Ozon photochemisch produziert wie auf der Südhalbkugel. Der auf der Nordhalbkugel stärkere vertikale Luftaustausch führt dazu, daß dort mehr Ozon aus der Stratosphäre in die Troposphäre befördert wird als auf der Südhalbkugel. Im globalen Mittel werden dabei pro Sekunde durch jeden Quadratzentimeter der Tropopausenfläche rund 50 Mrd. Ozonmoleküle von der Stratosphäre in die Troposphäre transportiert. Durch Kontakt mit dem Erdboden wird eine Ozonmasse von 2,8 mg/(m² · a) an der Erdoberfläche abgebaut, das entspricht einer mittleren Ablagerungsgeschwindigkeit von etwa $0,1-0,2\,\mathrm{cm\cdot s^{-1}}$. Da die Geschwindigkeit der Ozonzerstörung über den Landflächen bis zu 10mal so groß wie über dem Wasser ist und der Landanteil auf der Nordhalbkugel 49%, auf der Südhalbkugel nur 9% der Gesamtfläche beträgt, ist die geschätzte Ozonzerstörung an der Erdoberfläche in der nördlichen Hemisphäre 3mal so hoch wie in der südlichen. Als mittlere Verweildauer des Ozons in der Troposphäre ergibt sich nach Tab. 7 eine Zeitspanne von 13 Tagen auf der Nordhalbkugel und 35 Tagen auf der Südhalbkugel. Modellrechnungen zeigen, daß die Verweildauer des Ozons sehr stark von der Jahreszeit und von der geographischen Breite abhängt. So beträgt die Verweildauer des Ozons in der unteren Troposphäre im Sommer etwa 8 Tage, im Winter aber bis zu 100 Tagen.

Tabelle 7. Vorläufige Schätzung des Ozonhaushaltes der Troposphäre in Mill. Tonnen pro Jahr (nach Bojkow, 1986, und Crutzen, 1988)

Quellen und Senken des Ozons	Nordhalbkugel	Südhalbkugel	Global
Transport aus der Stratosphäre	400	250	650
Zerstörung am Erdboden	1 100	350	1 450
Erzeugung durch photochemische Prozesse in der Troposphäre	1 250	300	1 550
Zerstörung durch photochemische Prozesse	450	300	750

Die natürliche Ozonkonzentration in Erdbodennähe unterliegt zeitlichen und räumlichen Schwankungen, die von den photochemischen Prozessen und den Transportvorgängen beeinflußt sind. Bei starkem vertikalem Luftaustausch, durch den ozonreiche Luft zum Erdboden befördert wird, beobachtet man oft plötzlich kräftige Anstiege des bodennahen Ozons. Am Meteorologischen Observatorium Hohenpeißenberg in der Nähe von München wurde beispielsweise nach dem Durchzug einer Kaltfront, die von heftigen Schneeschauern begleitet war, für mehrere Minuten eine Zunahme der Ozonkonzentration von durchschnittlich $60-80\,\mathrm{\mu g\cdot m^{-3}}$ auf rund $800\,\mathrm{\mu g\cdot m^{-3}}$ gemessen. Solche kurzzeitigen Erhöhungen der Ozonkonzentration durch natürliche meteorologische Prozesse sind allerdings nicht sehr häufig und als unbedenklich für die Vegetation und die Gesundheit des Menschen anzusehen. Nachts, wenn sich die unterste Luftschicht bei wolkenlosem Himmel stark abkühlt, kommt es häufig zur Ausbildung einer Temperaturinversion in einer Höhe von wenigen zehn bis einigen hundert Metern, die eine Sperrschicht für den vertikalen Luftaustausch darstellt. Unter diesen Bedingungen des gestörten „Ozonnachschubs" und der fehlenden photochemischen Ozonproduktion kann die Ozonkonzentration in Bodennähe auf Werte bis nahe Null abnehmen. Das Tagesmaximum des bodennahen Ozons wird meist nachmittags erreicht, wenn die photochemische Ozonbildung und die vertikale Luftbewegung, die Ozon von oben nachliefert, am stärksten wirksam geworden sind. Da Gebirgsstationen häufig nachts

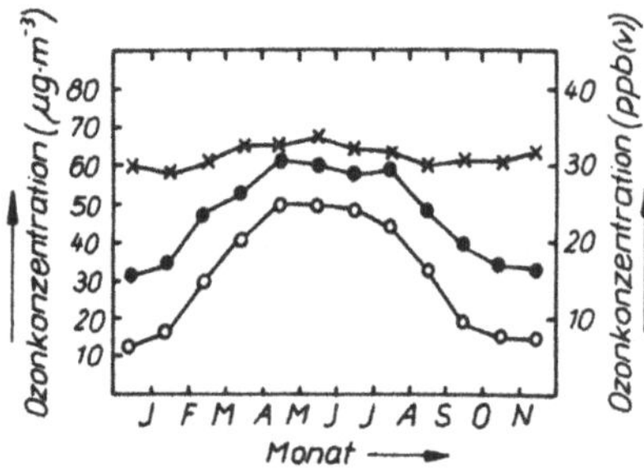

Abb. 29. Jahresgang des bodennahen Ozons an 3 Stationen (Mittelwerte von 1972–1980)
o Dresden–Radebeul, Stadtrandlage (246 m ü. NN); • Arkona, Ostseeküste (42 m ü. NN); × Fichtelberg, Mittelgebirge (1213 m ü. NN)

oberhalb der sich ausbildenden Temperaturinversion bleiben, so daß auch nachts der Ozonnachschub von oben nicht unterbrochen wird, ist der Tagesgang des Ozons i. allg. an Flachlandstationen stärker ausgeprägt als an Gebirgsstationen. Auf Grund der höheren mittleren Ozonwerte in Gebirgslagen im Vergleich zum Flachland ist die *Ozondosis*, d. h. das Produkt aus Ozonkonzentration und Zeit, im Gebirge größer (Abb. 29). Als eine weitere Ursache für diesen Effekt ist zu berücksichtigen, daß Gebirgsstationen meist weiter von den Emissionsquellen ozonzerstörender Gase wie NO entfernt sind als Flachlandstationen. So gesehen, ist die Waldluft in Gebirgslagen tatsächlich reicher an Ozon als die Luft in den Städten und Ballungsräumen.

5. Ozon – Sonnenbrille der Erde

5.1. Ozon und ultraviolette Sonnenstrahlung

Ozon absorbiert einen Teil der ultravioletten Sonnenstrahlung. Ist diese optische Wirkung nun wirklich mit der Wirkung einer Sonnenbrille vergleichbar? Oder anders ausgedrückt: Wirkt das atmosphärische Ozon tatsächlich wie ein Schutzschild für die Biosphäre, in ähnlicher Weise, wie die Sonnenbrille die Augen vor der Sonnenstrahlung schützt? Die Abb. 30 zeigt die Durchlässigkeit oder *Transmission* einiger Gläser zusammen mit der Transmission des Ozons in Abhängigkeit von der Wellenlänge λ der Strahlung bzw. der Wellenzahl k, die sich leicht ineinander umrechnen lassen:

$$\lambda \text{ (nm)} = \frac{10^7}{k\,(\text{cm}^{-1})}\,. \tag{19}$$

Ein Wert der Transmission von 80% bedeutet beispielsweise, daß 80% der einfallenden Strahlung der betreffenden Wellenlänge von dem Glas oder dem Ozon durchgelassen werden. Als *sichtbares Licht* bezeichnet man gewöhnlich den Spektralbereich von etwa 400–750 nm und als *ultravioletten* Spektralbereich das Gebiet von 200–400 nm, wobei noch eine Unterteilung in den *UVC*-Bereich (200–280 nm), den *UVB*-Bereich (280–315 nm) und den *UVA*-Bereich (315–400 nm) üblich ist. In der Abbildung erkennt man, daß sowohl Sonnenbrillengläser und gewöhnliches Fensterglas ebenso wie das Ozon die UVC-Strahlung vollständig und die UVB-Strahlung teilweise absorbieren, aber längerwellige Strahlung passieren lassen. Unterschiede zwischen dem weißen Glas und dem gefärbten Sonnenbrillenglas bestehen vor allem darin, daß das Sonnenbrillenglas auch einen Teil der UVA-Strahlung absorbiert und im sichtbaren Teil weniger Strahlung durchläßt. Eine Ausnahme bilden Brillenmaterialien aus Kunststoffen, die noch UVB-Strahlung, im dargestellten Fall etwa 8–14%, durchlassen. Gerade die Transmission des weißen Glases ist der des Ozons sehr ähnlich. Sonnenstrahlung mit Wellenlängen $\lambda < 290$ nm wird nicht durchgelassen, d. h., sie erreicht den Erdboden unabhängig von den natürlichen Ozongehaltsvariationen praktisch nicht mehr. Maxima der Transmission des Glases geben auch einen Hinweis auf

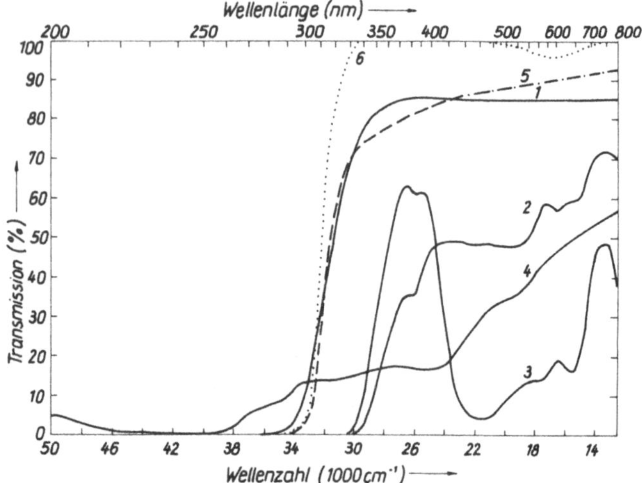

Abb. 30. Transmission von Sonnenbrillengläsern, weißem Glas und der Erdatmosphäre bei senkrechtem Strahldurchgang im ultravioletten und sichtbaren Spektralbereich. Brillenglas *4* läßt einen zu großen Anteil schädlicher UV-Strahlung durch. Eine gute Sonnenbrille sollte eine Filterwirkung wie Glas *2* haben

1 Weißes Glas; *2* Heliosal-Sonnenbrillenglas; *3* Preßglas-Sonnenbrillenglas; *4* Kindersonnenbrille (Kunststoff); *5* Globalstrahlung am Erdboden ohne Bewölkung für senkrechten Strahlungseinfall und mittleren Ozon- und Aerosolgehalt (nach Modellrechnungen); *6* berechnete direkte Sonnenstrahlung für senkrechten Einfall, die nur durch Ozon absorbiert wird (ohne Luft, Aerosol und Bewölkung)

die Färbung des Glases, die meist gelblich-braun ist (s. auch Abb. 8). Durch den Vergleich der Kurven 5 und 6 in Abb. 30 erhält man einen Eindruck von der Wirkung der Luftmoleküle und des Aerosols auf die Strahlung. Beide lenken die Sonnenstrahlung nach allen Richtungen mehr oder weniger ab (Streuung) und bilden dadurch die Himmelsstrahlung. Das Aerosol absorbiert zusätzlich die Sonnenstrahlung und erwärmt so die Luft direkt in geringem Maße. Durch Bewölkung kann die den Erdboden erreichende Strahlung auf etwa die Hälfte des dargestellten Betrags verringert werden. Gerade der UVB-Bereich am Flügel der Ozonabsorptionsbande hängt stark vom Gesamtozongehalt der Atmosphäre ab (Abb. 31). Außerdem ändert sich die absorbierende Ozonmasse bei Änderung des Einfallswinkels der Sonnenstrahlen, d.h., sie ist bei geringer Sonnenhöhe größer als bei großer Sonnenhöhe. Je geringer der Ozongehalt, um so mehr verschiebt sich die Abfallkante der Transmission zu kürzeren Wellenlängen hin. Die Ozonabsorption im sichtbaren Spektralbereich ist mit 4–5 % gering. Nur wenn der Ozongehalt auf das 10fache des jetzigen mittleren Gehaltes anstiege, würde die Sonne blau oder blaugrün aussehen.

Der Anteil der Strahlung im UV-Bereich an der Gesamtstrahlung der Sonne ist schon außerhalb der Atmosphäre nicht sehr groß. Er beträgt etwa 8 %, im UVC sogar nur 0,6 % (Tab. 8). Den Erdboden erreicht die UVC-Strahlung nicht mehr, und der Anteil der UVB- und UVA-Strahlung beträgt selbst bei senkrechtem Einfall der Sonnenstrahlung weniger als 0,2 % bzw. 5 %. Es ist erstaunlich, daß eine so geringe Energiemenge ausreichend ist, einen

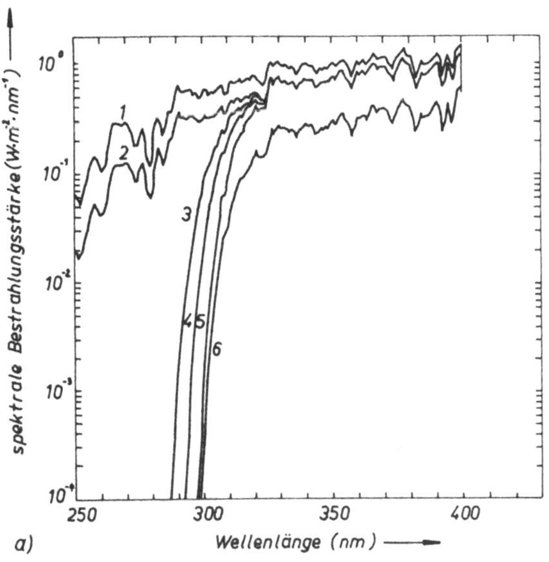

Abb. 31a. Berechnete spektrale Bestahlungsstärke der Globalstrahlung auf eine horizontale Fläche am Erdboden im Wellenlängenbereich 250–400 nm für einen mittleren Aerosolgehalt der Luft und für verschiedene Ozonwerte ($h_\odot$ Sonnenhöhe)

1 Sonnenstrahlung außerhalb der Erdatmosphäre;
2 $O_3 = 0\,D$, $h_\odot = 90°$;
3 $O_3 = 150\,D$, $h_\odot = 90°$;
4 $O_3 = 300\,D$, $h_\odot = 90°$;
5 $O_3 = 600\,D$, $h_\odot = 90°$;
6 $O_3 = 300\,D$, $h_\odot = 30°$

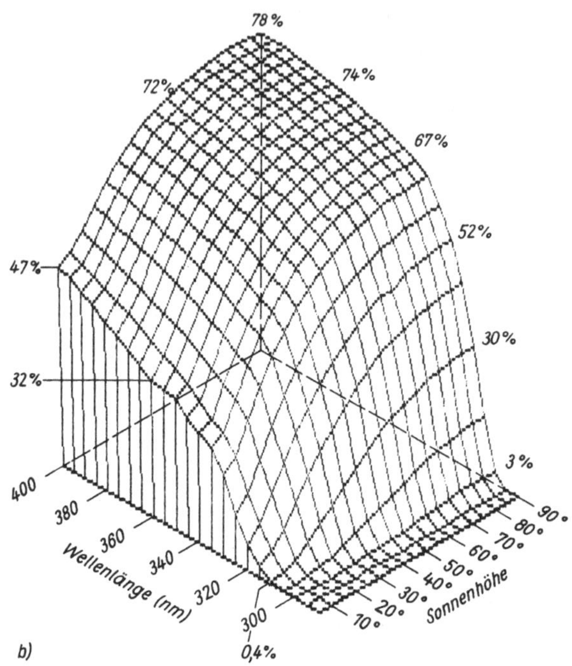

Abb. 31b. Die Abbildung zeigt als Ergebnis einer Modellrechnung für mittlere Verhältnisse (Gesamtozongehalt 300 D, Erdbodenalbedo 5%, mittlerer Aerosolgehalt) den als Transmission bezeichneten Anteil der bis zum Erdboden durchgelassenen UV-Globalstrahlung (in Prozent der direkten Sonnenstrahlung außerhalb der Erdatmosphäre) für verschiedene Wellenlängen von 290–400 nm und verschiedene Sonnenhöhen (5°–90°). Auf Grund der Absorption durch das atmosphärische Ozon am Flügel der Hartley- und Huggins-Bande ist die Durchlässigkeit oder Transmission bei kleineren Wellenlängen und längerem Strahlweg, d. h. größerer effektiver Ozonmasse bzw. kleiner Sonnenhöhe, geringer

Einfluß auf Lebewesen auszuüben. Welche Wirkungen übt nun die UV-Strahlung auf Lebewesen aus? Betrachten wir zunächst die günstigen, Wachstums- und Heilungsprozesse stimulierenden Wirkungen. Dazu zählen die stimulierende Wirkung auf das Wohlbefinden des Menschen, die verbesserte Sauerstoffausnutzung im Blut durch Erhöhung der Zahl roter Blutkörperchen, die Vertiefung der Atemzüge und die Verminderung der Anfälligkeit gegenüber Erkältungskrankheiten. UV-Bestrahlung bewirkt die Bildung des Vitamins D im Körper, das das Auftreten der früher

Tabelle 8. Anteil der direkten UV-Strahlung und der UV-Globalstrahlung an der Gesamtstrahlung der Sonne (1 367 W · m⁻²) in Prozent bei wolkenlosen Bedingungen (h_☉ Sonnenhöhe)

Spektralbereich	Direkte Sonnenstrahlung außerhalb der Atmosphäre, $h_☉ = 90°$	Globalstrahlung am Erdboden auf die Horizontalfläche bei mittlerem Ozongehalt (320 D) und mittlerer Lufttrübung	
		$h_☉ = 90°$	$h_☉ = 30°$
UVC (200...280 nm)	0,58	0,00	0,00
UVB (280...315 nm)	1,31	0,17	0,03
UVA (315...400 nm)	6,20	4,69	1,89
UV (200...400 nm)	8,09	4,86	1,92

gefürchteten Kinderkrankheit Rachitis und ihr verwandter Krankheiten verhindert. Darüber hinaus bewirkt die UV-Bestrahlung eine Bräunung (Pigmentierung) der Haut, die für viele Menschen Sinnbild für Gesundheit und Schönheit ist – es werden dadurch ja auch Hautunreinheiten unsichtbar – und deshalb als psychisches Moment zum Wohlbefinden des Menschen beiträgt. Für die Therapie verschiedener Krankheiten wie Psoriasis (Schuppenflechte) oder zur Bestrahlung des Blutes und von Geschwüren wird künstliche UV-Bestrahlung in der Medizin mit Erfolg eingesetzt. Auch in der Tierhaltung werden UV-Bestrahlungsanlagen zur Verbesserung der Aufzuchtergebnisse bei Ferkeln, Kälbern und Lämmern verwendet. Die im vorigen Jahrhundert entdeckte Wirkung der UV-Strahlung, Bakterien und Viren abzutöten, wird durch Einsatz künstlicher UV-Strahler in Krankenhäusern und Labors zur Entkeimung der Luft und, in begrenztem Maße, auch von Gegenständen genutzt. Von den zahlreichen Anwendungsmöglichkeiten künstlicher UV-Strahlung sei nur noch ihr Einsatz für die Schnelltrocknung von Farben und Lacken, insbesondere in der Möbelindustrie, erwähnt.

Die UV-Strahlung übt auch eine Reihe von weniger günstigen oder sogar schädlichen Wirkungen auf die Biosphäre aus. Zu den am meisten untersuchten Wirkungen gehört sicherlich die *Erythembildung*, das ist eine durch einen Entzündungsprozeß bedingte Hautrötung. Das Erythem bildet sich meist mehrere Stunden nach der Bestrahlung und führt bei den meisten Menschen zur Bildung und Anreicherung dunkler Melaninkörper in der Haut, die die Hautbräunung verursachen. Bei hoher Bestrahlungsdosis treten Verbrennungserscheinungen mit Blasenbildung auf, deren schmerzhafte Wirkung derjenige zu spüren bekommt, der ein zu reichliches Sonnenbad genossen hat. Um die einzelnen Wirkungen der Strahlung bewerten und reproduzierbar machen zu können, versucht man, durch Experimente vor allem zwei Größen zu bestimmen: das sog. *Wirkungsspektrum* ε (λ), das die spektrale Abhängigkeit der Wirkung beschreibt, und die *Schwelldosis* in effektiven Bestrahlungseinheiten, die zur Auslösung der Wirkung erforderlich ist; bezüglich des Erythems wäre das die Erythemschwelle. Die Abb. 32 zeigt einige Wirkungsspektren. Während die anhaltende *Sofortpigmentierung* ohne vorherige Erythembildung allein durch UVA-Strahlung verursacht wird, die vom Ozongehalt praktisch unabhängig ist, besitzt das Erythemwirkungsspektrum im UVB-Bereich bei 297 nm ein Maximum. Umfangreiche biologische Experimente haben gezeigt, daß die kurzwellige UV-Strahlung auch zu Zellveränderungen, Zellschädigungen und Zellwuche-

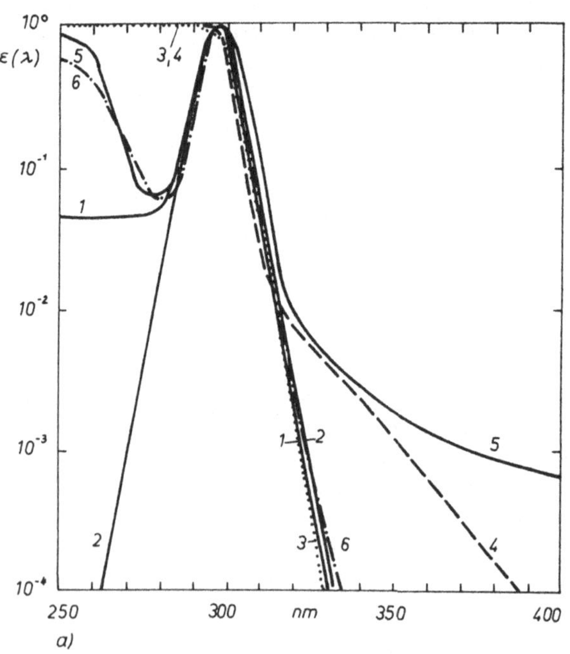

Abb. 32a. Erythemwirkungsspektren nach verschiedenen Autoren
1 Komhyr u. Machta (1973) (—); *2* Coblentz u. Stair (1934) (—); *3* Berger u. a. (1968) (· · ·); *4* Cripps u. Ramsay (1976) (– –); *5* Belinski u. a. (1968) (—); *6* DIN (1979) (–·–·).

70

rungen führen kann. Die hier nicht dargestellten Wirkungsspektren der Schädigung der Desoxyribonukleinsäure (DNS), die Träger der Erbinformation ist, oder des *Photokarzinoms*, des Hautkrebses, haben ähnliche Wirkungsspektren wie die Erythembildung mit Maximalwerten im UVB-Bereich. Eine weitere nachteilige Wirkung einer hohen UV-Strahlungsdosis ist die vorzeitige Alterung und Faltenbildung der Haut (Seemanns- oder Landmannshaut). Bei empfindlichen Menschen ruft UV-Bestrahlung allergische Reaktionen hervor. Aber auch durch Anwendung von Parfüms, Kölnischwasser oder Deodorants sowie nach Einnahme bestimmter Medikamente (Sulfonamide, Antibiotika u. a.) kann die nachfolgende UV-Bestrahlung eine Schwellung, ein Jucken oder Brennen der Haut hervorrufen. Sogar einige Heilkräuter, Gewürzpflanzen und Früchte können zu solchen Wirkungen führen. Ein Beispiel dafür, daß einige dieser Wirkungen schon seit langem bekannt sein müssen, ist durch Wilhelm Hauffs (1802–1827) Märchen „Die Geschichte vom kleinen Muck" gegeben, In der Muck nach dem Genuß von Feigen und

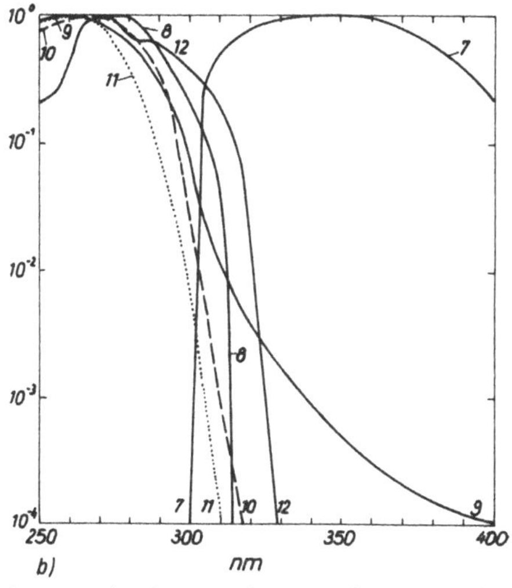

b. Verschiedene Wirkungsspektren wie direkte Pigmentierung, Beeinflussung des Pflanzeneiweißes, bakterizide Wirkung, Entzündung von Hornhaut und Bindehaut des Auges
7 Dir. Pigment. (DIN, 1979) (—); *8* Beeinflussung des pflanzlichen Eiweißes und der Zellen (Caldwell, 1971) (—); *9* bakterizide Wirkung (Belinski u.a., 1968) (—); *10* bakterizide Wirkung (DIN, 1979) (– –); *11* Bindehautentzündung (DIN, 1979) (···); *12* Hornhautentzündung (DIN, 1979) (—)

anschließender Sonnenbestrahlung eine geschwollene Nase und geschwollene Ohren bekam.
Die nachteiligen Wirkungen der UV-Strahlung treten vorrangig im UVC- und UVB-Bereich auf. Bei der Konstruktion neuer Heimsolarien wurde dieser Erkenntnis Rechnung getragen. Das Teilkörperbräunungsgerät TBG 400 aus dem Werk für Signal- und Sicherungstechnik Berlin gibt praktisch keine Strahlung im UVC-Bereich und nur etwa 1 % der Gesamtstrahlung im UVB-Bereich ab. Ältere Modelle der sog. Höhensonnen sollten im Interesse der eigenen Gesunderhaltung der Altstoffverwertung zugeführt werden. Die Furcht vor der UV-Bestrahlung durch normale Leuchtstofflampen ist allerdings unbegründet, denn diese Leuchten geben eine um 2–3 Größenordnungen geringere UV-Strahlung ab, so daß nachteilige Wirkungen nicht auftreten dürften. Vor einem Übermaß an natürlicher UV-Strahlung ist allerdings zu warnen. Besonders in subtropischen Gebieten, in denen die Jahressumme der UV-Strahlung auf Grund der größeren Sonnenhöhe, der geringen Bewölkung und des geringen Gesamtozongehaltes hoch ist, sind Maßnahmen zum Schutz der Haut erforderlich. Die Bewohner dieser Gebiete tragen zum Schutz vor der Sonnenstrahlung zweckmäßige Kleidung und haben einen Lebens- und Arbeitsrhythmus entwickelt, der dem Tagesgang der Sonnenstrahlung und der Temperatur angepaßt ist. Besonders gefährdet sind hellhäutige Menschen, die ihren Wohnsitz aus gemäßigten Breiten in subtropische Gebiete verlegt haben und sich dort längere Zeit im Freien aufhalten. So kann auch ein erhöhtes persönliches Freizeitkontingent bei unvernünftiger Lebensweise Nachteile für die Gesundheit haben. Allerdings besitzt die Haut auch natürliche Schutzmechanismen, die nachteilige Folgen der UV-Bestrahlung mildern. So schwächt das braune Pigment Melanin, das durch die Wirkung der UV-Strahlung von der tiefer liegenden Keimzellenschicht in die Oberhaut wandert, das Eindringen der Strahlung in die Haut ab. Außerdem bildet sich in der Haut bei Einwirkung von UV-Strahlung in Gegenwart des Enzyms Histidase die Urocaninsäure, die mit dem Schweiß abgesondert wird und die die Eigenschaft besitzt, UV-Strahlung mit Wellenlängen $\lambda < 310$ nm zu absorbieren. So bietet das Schwitzen einen Schutzmechanismus nicht nur zur Wärmeregulierung, sondern auch zur Milderung nachteiliger Wirkungen der UV-Strahlung.
Eine weitere, die Gesundheit von Mensch und Tier beeinträchtigende Wirkung der UV-Strahlung, die besonders im Hochgebirge oder in den Schnee- und Eisfeldern der Arktis und Antark-

tis auftritt, ist die *Bindehaut- und Hornhautentzündung* des Auges (s. Abb. 32). In diesen Gebieten ist wegen der hohen Luftreinheit und des hohen Reflexionsvermögens des Schnees (bis zu 95 %) die Bestrahlungsstärke der UV-Strahlung sehr hoch. Bei niedrigstehender Sonne und einer Schneedecke ist beispielsweise die auf eine vertikale Fläche (stehender Mensch) fallende UVB-Bestrahlung etwa doppelt so groß wie die auf eine horizontale, schneefreie Fläche auftreffende Strahlung. Durch einen geeigneten Augenschutz (Schneebrille) können diese unangenehmen Wirkungen verhindert werden. Bei Pflanzen kann eine zu hohe UV-Strahlungsdosis zur Unterdrückung der Photosynthese führen. Die dadurch eintretende Wuchshemmung führt nicht nur zu Verlusten bei landwirtschaftlichen Nutzpflanzen und einer Ertragsminderung, sondern verursacht auch eine Verringerung des als Nahrungsgrundlage für Fische dienenden Phytoplanktons in den Weltmeeren. Untersuchungen zeigen, daß einige Pflanzen in der Lage sind, bei hoher UV-Bestrahlung Schutzmechanismen auszubilden, die eine weitere Schädigung der Pflanze mildern. Allerdings schützen solche Mechanismen die Pflanzen nur bis zu einem gewissen Grade. Nicht nur die Pflanzen leiden an einer Überdosis der UV-Strahlung. Jeder hat sicher schon beobachtet, daß Plastbaustoffe, Lacke und Farben nach längerer UV-Bestrahlung im Freien entweder gelb werden oder ihre Farbe verlieren, daß sie brüchig werden oder ihre Durchsichtigkeit (bei Folien) nachläßt. Plastbaustoffe wie Polyvinylchlorid (PVC), Polyethylen und Polypropylen, Polyester u. a. haben in den letzten Jahrzehnten herkömmliche Werkstoffe wie Holz und Metalle verdrängt. Wandelemente, Fensterrahmen, Dachbeschichtungen, Außenmöbel, Rohrleitungen, Schläuche, Regenablaufrinnen, Folienzelte, künstlicher Rasen, Sportboote und viele andere Dinge sind aus unserem Leben nicht mehr wegzudenken. Ein Schutz vor dem frühzeitigen Verschleiß dieser Gegenstände bietet sich zumindest bei undurchsichtigen Plasten durch Hinzufügung geeigneter Pigmentzusätze bzw. -schichten zu dem verwendeten Material an, die die UV-Strahlung absorbieren. Andererseits ist es wichtig, das natürliche Angebot der UV-Bestrahlungsstärke zu kennen, um die Bau- und Anstrichstoffe optimal auswählen und einsetzen zu können.

Die *effektive Strahlung* wird als Produkt aus Wirkungsspektrum $\epsilon\,(\lambda)$ und spektraler Bestrahlungsstärke $E\,(\lambda)$ berechnet:

$$E_W = \sum_\lambda E\,(\lambda)\,\epsilon\,(\lambda)\,. \tag{20}$$

Werte der effektiven Bestrahlung können berechnet oder ge-

messen und mit Schwellenwerten zur Auslösung der Wirkung
verglichen werden. Ein Beispiel der erythemwirksamen Bestrahlung mag dies verdeutlichen. Abb. 33 zeigt die berechnete ery-

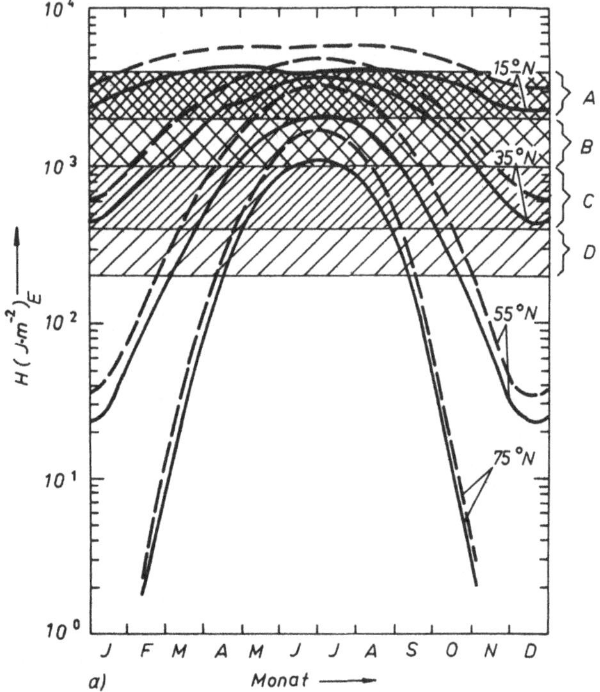

Abb. 33. Mittlere monatliche Tagessummen H der erythemwirksamen
Strahlung in $(J \cdot m^{-2})_E$ (a) und der Sofortpigmentierung in $(J \cdot m^{-2})_{Pi}$ (b) auf
die Horizontalfläche für wolkenlose Bedingungen (- - -) und für mittlere
Bewölkung (———) in verschiedenen geographischen Breiten nach
einer Modellrechnung. Durch andere Randbedingungen (Reflexionsvermögen des Erdbodens bei Schnee, Ozongehalt der Atmosphäre, Höhe
über dem Meeresspiegel, Lufttrübung durch Aerosol, Bewölkung) können die Werte der Strahlung von den angegebenen abweichen. So können die Werte der UV-Strahlung bei dichter Bewölkung an einem trüben
Tag nur rund 20 % der an einem wolkenlosen Tag erreichten Werte betragen.
A, B, C, D: Schwellenwerte zur Auslösung bestimmter Wirkungen
A Verbrennungsdosis; B Entzündungsdosis; C Reizdosis; D Minimale
Erythemdosis
Die Werte stellen „Mittelwerte" für hellhäutige Menschen dar, so daß
die Reaktion individuell unterschiedlich sein kann.

themwirksame Strahlung in verschiedenen geographischen Breiten als mittlere Tagessummen (Tagesdosis bzw. Zeitintegral von E_W) in jedem Monat. Vom Äquator zum Pol ist auch im Sommer eine Abnahme der erythemwirksamen UV-Strahlung erkennbar. Nun kann man auf den ersten Blick meinen, daß das normal sei, weil die Sonne in hohen Breiten nur noch flach über dem Horizont steht. Betrachtet man die Sofortpigmentierung, so ist die Tagesdosis der Strahlung im Sommer in niederen Breiten etwa ebensogroß wie in hohen Breiten. Der Grund für diesen Unterschied liegt darin, daß die Sonne in hohen Breiten wesentlich länger scheint (Mitternachtssonne), während sie in Äquatornähe das ganze Jahr über morgens um etwa 6 Uhr wahrer Ortszeit aufgeht und um 18 Uhr untergeht. Die erythemwirksame Strahlung zeigt im Gegensatz dazu eine Abhängigkeit von der geographischen Breite, die durch das atmosphärische Ozon bedingt ist. Der Ozongehalt ist in hohen Breiten größer als in tropischen Gebieten, und auch die absorbierende Ozonmasse ist bei niedrigem Sonnenstand in hohen Breiten größer als bei hohem Sonnenstand in niederen Breiten, so daß in Polnähe mehr UV-Strahlung durch das Ozon verschluckt wird. Die Sofortpigmentierung wird durch Ozon nicht beeinflußt, denn sie wird

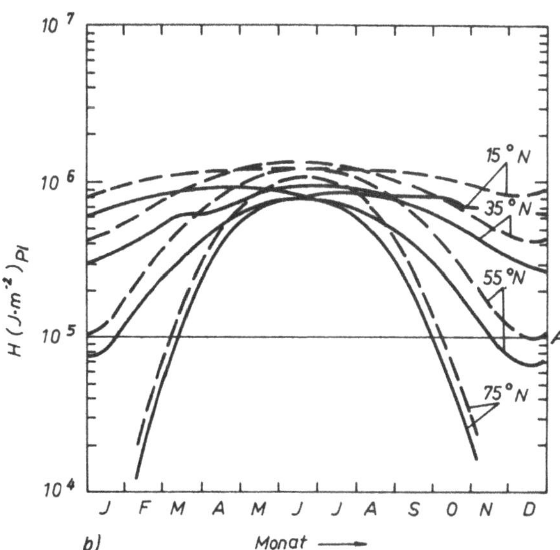

In Abb. 33b kennzeichnet A die Schwelldosis für die Sofortpigmentierung.

durch die längerwellige, vom Ozongehalt wenig beeinflußte UVA-Strahlung verursacht. Die Abb. 33 zeigt auch, daß bereits im Frühjahr (April/Mai) in unseren Breiten (Berlin: 52° N) die Erythemschwelle — die Minimale Erythemdosis (MED) — deutlich überschritten werden kann, so daß ein kräftiger Sonnenbrand in dieser Jahreszeit nicht ungewöhnlich ist. Berechnete Werte der Zeitdauer zur Erreichung der Schwellwerte sind in Tab. 9 angegeben. Wäre kein Ozon in der Erdatmosphäre vorhanden, würden die meisten der schädlichen Wirkungen schon nach wenigen Sekunden oder Minuten eintreten. Durch das Ozon werden diese Wirkungen vor allem bei tiefem Sonnenstand abgeschwächt. In dieser Weise übt das Ozon die Funktion eines Schutzschildes aus, ohne den die Entwicklung des Lebens in der Erdgeschichte nicht oder zumindest nicht in dieser Form mög-

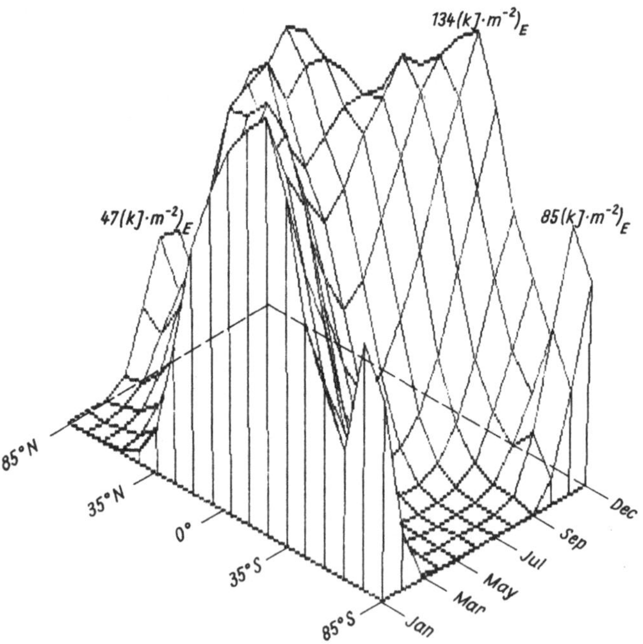

Abb. 33c. Erythemwirksame Globalstrahlung in Abhängigkeit von der geographischen Breite und vom Monat (Monatssummen) nach Modellrechnungen für typische Bedingungen (globale Ozonverteilung, mittlere Bewölkung, mittlerer Aerosolgehalt, typische Erdbodenalbedo).
Die hohen Strahlungswerte in polaren Gebieten der Südhalbkugel im Sommer sind durch die hohe Erdbodenalbedo bestimmt

Tabelle 9. Einige Wirkungen der ultravioletten Strahlung auf die Biosphäre. Die mit einem Strahlungsmodell unter Zuhilfenahme der Wirkungsspektren berechneten Zeiten zur Erreichung der Schwellenwerte beziehen sich auf mittlere atmosphärische Bedingungen für verschiedene Sonnenhöhen $h_\odot$ und gelten für die Horizontalfläche. Durch Bewölkung, starke Lufttrübung und geändertes Reflexionsvermögen des Erdbodens (Schnee), andere Gesamtozonwerte und individuelle Besonderheiten des Lebewesens können sich Abweichungen von den angegebenen Werten ergeben. Darüber hinaus sind die längeren Zeiten zur Erreichung der Schwellenwerte (mehrere Stunden) unsicher, weil in diesen Fällen das Bunsen-Roscoesche Gesetz bei einigen biologischen Wirkungen nicht mehr gültig sein muß. Dieses Gesetz besagt, daß die wirksame Strahlungsdosis als Produkt aus Bestrahlungsstärke und Bestrahlungszeit durch beliebige Kombinationen beider Größen gebildet werden kann, d. h., eine geringe Bestrahlungsstärke erzeugt bei längerer Bestrahlungszeit die gleiche Wirkung auf den Organismus wie eine hohe Bestrahlungsstärke, die nur kurzzeitig einwirkt. Diesen Effekt kann man sich dadurch erklären, daß bei längerer Einwirkungsdauer die Folge biochemischer Reaktionen in den Organismen anders ist als bei kürzerer Bestrahlungszeit

Art der Wirkung		Schwellenwert in $(J \cdot m^{-2})_W$	Zeit zur Erreichung des Schwellenwertes				
			außerhalb der Atmosphäre	am Erdboden (mittl. Ozon- und Aerosolgehalt, Erdbodenalbedo 5 %, keine Bewölkung)			
				ohne Ozon $h_\odot = 90°$	$h_\odot = 90°$	$h_\odot = 60°$	$h_\odot = 30°$
1	2	3	4	5	6	7	8
Bakterizide Wirkung	– 1877 entdeckte man, daß UV-Strahlung für Mikroorganismen tödlich ist	0,35…465	0,1 s…1 min	0,1 s…2 min	1 min…15 h	1 min…25 h	8 min… (8 Tage)
	– Anwendung zur Entkeimung in der Medizin	(90…100 % Entkeim.)					

1	2	3	4	5	6	7	8
Erythembildung	– Hautrötung ≈ 1–7 h nach Bestrahlung durch Entzündung in der Haut, Blasenbildung, Hautschuppung, Pigmentierung, Verdickung der Hornschicht als Anpassung	MED: 200…400	0,5…1 min	45 s…1,5 min	12…25 min	18…35 min	1,5…3 h
	– 1889 durch russischen Arzt A. N. Maklakow beschrieben	Reizdosis: 500…1 000	1…2 min	2…4 min	0,5…1 h	45…90 min	4…8 h
	– 1893 von Niels Finsen (1860–1904) Hautbräunungseffekt entdeckt	Entzündung: 1 000…2 000	2…4,5 min	4…8 min	1…2 h	1,5…3 h	8…16 h
	– Wirkung von Hauttyp, Alter, Geschlecht u.a. abhängig	Verbrennung: 2 000…4 000	4,5…9 min	8…16 min	2…4 h	3…6 h	16…32 h
Direkte Pigmentierung Photokarzinogenese (blastomogene Wirkung)	– direkte Hautbräunung durch UVA-Bestrahlung	100 000	25 min	34 min	35 min	42 min	90 min
	– Wirkungsspektrum der Hautkrebsentstehung ähnelt dem der Erythembildung	? (bei Mäusen ≈ 20 000)					
	– 80…90 % der Hautkrebsfälle im Gesicht						
	– hellhäutige Menschen in sonnenscheinreichen Gebieten am meisten betroffen						
	– benigne (gutartige) Geschwülste überwiegen gegenüber malignen (bösartigen)						

Konjunktivitis (Bindehautentzündung)	– Entzündung der Bindehaut des Auges	50	10 s	22 s	8 h	14 h	(6 Tage)
Keratitis (Hornhautentzündung)	– Entzündung der Hornhaut des Auges	40 (Kurzzeitbestrahlung)	4 s	7 s	70 s	100 s	6 min
		1 200...5 600 (Langzeitbestrahlung)	2...8 min	3...16 min	0,5...2,5 h	1...4 h	3...14 h
Antirachitische Wirkung	– 1890 stellte Palm fest, daß Rachitis durch Mangel an Sonnenstrahlung entsteht						
	– 1929 wird gezeigt, daß Vitamin D in der Haut unter der Wirkung der UV-Strahlung gebildet wird	40...2 000					
	– Wirkungsspektrum vermutlich ähnlich dem der Erythembildung						
Unterdrückung der Photosynthese	– bei kleiner Strahlungsdosis Stimulierung, bei großer Dosis Unterdrückung der Photosynthese und Wachstumshemmung von Land- und Wasserpflanzen	?					

lich gewesen wäre. Wenn heute der Mensch in der Lage ist, ungewollt eine Änderung des Ozongehaltes hervorzurufen, so ist dadurch die Gefahr gegeben, daß irreversible Schäden in der Biosphäre durch Änderung der den Erdboden erreichenden UV-Strahlung eintreten können. Die Abb. 34 zeigt Ergebnisse einer Modellsimulation, die belegen, daß die spektrale Abfallkante der Sonnenstrahlung bei Abnahme des Ozongehaltes immer mehr in Richtung kürzerer Wellenlängen verschoben wird. Dadurch nimmt die wirksame Strahlung gemäß Gl. (20) zu. Die starke Ab-

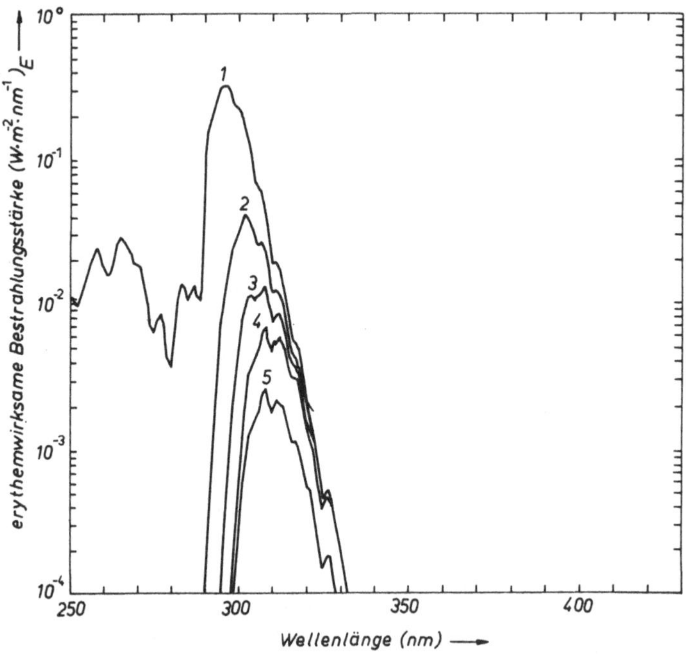

Abb. 34. Berechnete erythemwirksame Bestrahlungsstärke der Globalstrahlung am Erdboden für eine Erdbodenalbedo von 5 %, wolkenlose Bedingungen und einen mittleren Aerosolgehalt der Luft (Θ Zenitwinkel der Sonne)

1 $O_3 =$ 0 D, $\Theta =$ 0°, $E_W = 4,27\ W/m^2$
2 $O_3 = 200\ D$, $\Theta =$ 0°, $E_W = 0,49\ W/m^2$
3 $O_3 = 400\ D$, $\Theta =$ 0°, $E_W = 0,17\ W/m^2$
4 $O_3 = 600\ D$, $\Theta =$ 0°, $E_W = 0,09\ W/m^2$
5 $O_3 = 300\ D$, $\Theta = 60°$, $E_W = 0,03\ W/m^2$

Die erythemwirksame Bestrahlungsstärke E_W wird durch die Flächen unterhalb der dargestellten Kurven repräsentiert

80

hängigkeit der effektiven Strahlung vom Ozongehalt wird durch das folgende Beispiel illustriert. Bei Halbierung des Ozongehaltes von 300 D auf 150 D nimmt die UVB-Strahlung auf etwa 160 % zu, die erythemwirksame Strahlung nimmt jedoch auf 260 % zu. Umgekehrt bewirkt eine Verdopplung des Ozongehaltes auf 600 D eine Abnahme der UVB-Strahlung auf 50 %, während die erythemwirksame Strahlung auf 30 % des Ausgangswertes abnimmt.

5.2. Einfluß des Ozons auf das Klima

Die ultraviolette Strahlung der Sonne hat nicht nur für die Biosphäre der Erde Bedeutung. Auch wenn der Energieanteil der UV-Strahlung gering ist, wird durch die Ozonabsorption im globalen Mittel eine Strahlungsleistung der Sonnenstrahlung von $12 \, W \cdot m^{-2}$ in Wärme umgesetzt. Berücksichtigt man auch die langwelligen Strahlungsprozesse, die durch das Ozon beeinflußt werden, so sind es insgesamt $15{,}5 \, W \cdot m^{-2}$. Dieser Betrag erscheint zunächst nicht sehr groß, doch für die ganze Erde erreicht der Energieumsatz pro Stunde einen Wert von immerhin $2{,}9 \cdot 10^{19}$ J. Diese Wärmemenge entspricht nahezu der im Jahre 1983 auf der Erde erzeugten Elektroenergie von $3{,}1 \cdot 10^{19}$ J. Oder ein anderer Vergleich: Pro Jahr wird durch das atmosphärische Ozon Strahlungsenergie in Wärme umgewandelt, die fast dem 2 500fachen des Heizwertes der auf der Welt im Jahre 1983 geförderten Steinkohle (2,84 Mrd. t) und Braunkohle (1,08 Mrd. t) zusammengenommen entspricht (rund 10^{20} J).
Im Gegensatz zur unteren Atmosphäre, die vom Erdboden aus erwärmt wird, erhält die mittlere Atmosphäre ihre Energie direkt durch die Strahlungsabsorption im Bereich der Ozonbande. Je nach Eindringtiefe der Sonnenstrahlung in die Atmosphäre ergibt sich eine von der Höhe abhängige Erwärmung mit maximal 10—12 Kelvin pro Tag in etwa 50 km Höhe (Abb. 35). Das dadurch entstehende Temperaturmaximum wird als *Stratopause* bezeichnet, die die Trennfläche zwischen der *Stratosphäre* (10—50 km) und der darüberliegenden *Mesosphäre* (50—85 km) bildet. Da die längerwellige Strahlung tiefer in die Atmosphäre eindringen kann, liegt die maximale Erwärmung durch Strahlungsabsorption im Bereich der schwächeren Huggins- und Chappuis-Banden in tieferen Schichten als die Erwärmung durch Absorption in der Hartleybande. Abb. 35 zeigt zusätzlich die Erwärmungsraten der Absorption durch den Luftsauerstoff (O_2) im Bereich des *Herz-*

berg-Kontinuums (206–242,4 nm), der *Schumann-Runge-Banden* (175–205 nm) und des *Schumann-Runge-Kontinuums* (125–175 nm). Die Absorption der Sonnenstrahlung in diesem Bereich bewirkt eine Erwärmung der Mesosphäre.

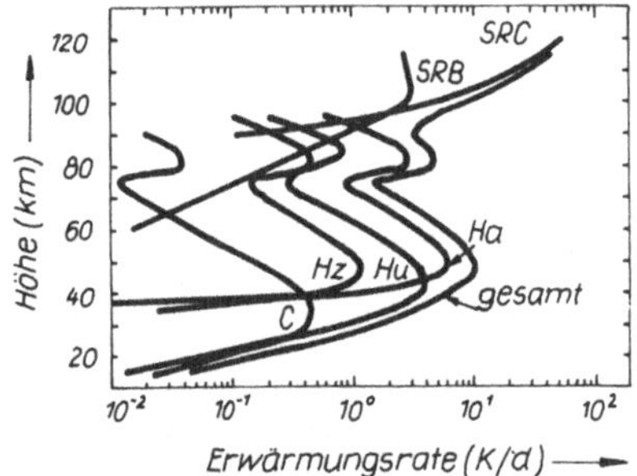

Abb. 35. Erwärmungsraten der Luft durch Absorption der Sonnenstrahlung durch das Ozon und durch den Luftsauerstoff (Äquinoktium, Äquator) (nach Strobel, 1978). Die verschiedenen Spektralbereiche tragen in unterschiedlichem Maße und in verschiedenen Höhenbereichen zur Erwärmung bei.

SRC: Schumann-Runge-Kontinuum des O_2 125–175 nm
SRB: Schumann-Runge-Banden des O_2 175–205 nm
Hz: Herzberg-Kontinuum des O_2 206–242 nm
Ha: Hartley-Banden des O_3 243–277 nm
Hu: Huggins-Banden des O_3 278–360 nm
C: Chappuis-Banden des O_3 450–750 nm

Für die Temperaturverteilung in der mittleren Atmosphäre spielt nicht nur die Absorption der Sonnenstrahlung im kurzwelligen Spektralbereich eine Rolle, sondern auch der Strahlungsumsatz langwelliger Strahlung ist zu berücksichtigen. Jeder Körper gibt bekanntlich entsprechend seiner Temperatur Strahlung ab. Nach dem von dem Physiker Wilhelm W. C. Wien (1864–1928) im Jahre 1893 formulierten Gesetz, das heute als *Wiensches Verschiebungsgesetz* bezeichnet wird, hängt die Wellenlänge λ_{max} des Maximums der ausgesandten Strahlung mit der absoluten Temperatur T des Körpers wie folgt zusammen:

$$\lambda_{max} = \frac{2\,897{,}79}{T}\ \mu m\ . \tag{21}$$

Setzt man die Strahlungstemperatur der Sonne (5 800 K) in Gl. (21) ein, so ergibt sich das Maximum der Strahlung im sicht-

baren Spektralbereich bei 0,5 μm oder 500 nm. Aber auch die
Erde und die Atmosphäre senden Strahlung in den Weltraum
aus. Das Maximum dieser Strahlung liegt wegen der geringeren
Temperatur der Erde (288 K) im langwelligen unsichtbaren Infrarotbereich bei 10 μm. Andererseits absorbieren einige Luftbe-
standteile, insbesondere das Kohlendioxid (CO_2), der Wasserdampf (H_2O) und das Ozon (O_3), einen Teil der im Infrarotbereich von der Erde und der Atmosphäre ausgehenden Strahlung
wieder und geben selbst entsprechend ihrer Temperatur Strahlung ab (Abb. 36). Im Spektralbereich von 7–13 μm läßt die Atmosphäre relativ viel Strahlung in den Weltraum durchgehen.
Dieser Bereich, in dem 70–90 % der gesamten von der Erdober-

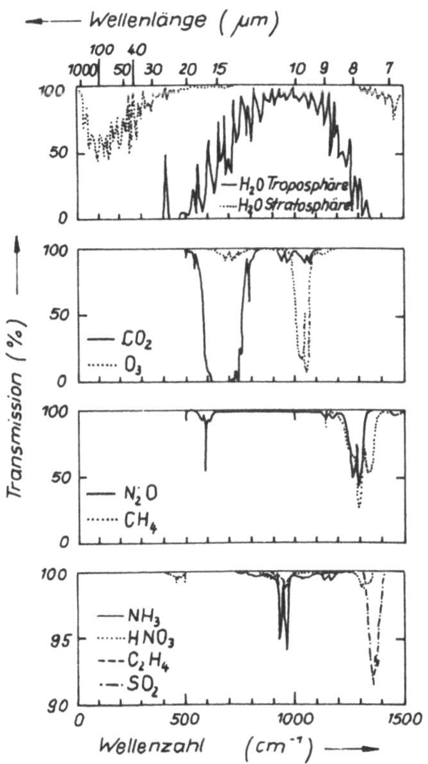

Abb. 36. Transmission der langwelligen Ausstrahlung des Systems Erde/
Atmosphäre in Abhängigkeit von der Wellenlänge der Strahlung (nach
Wang, 1976). Die Gase absorbieren einen Teil der Strahlung

fläche und den Wolken emittierten Strahlung in den Weltraum abgegeben werden, wird deshalb als *atmosphärisches Fenster* bezeichnet. Gerade in diesem Bereich bei 9,6 μm absorbiert das Ozon die Strahlung und gibt sie entsprechend seiner i. allg. geringeren Temperatur wieder ab. Daraus resultiert eine geringe Erwärmung in 15–30 km Höhe und eine Abkühlung im Höhenbereich von 30–50 km, die im globalen Mittel rund 4 K pro Tag beträgt. Eine wesentlich stärkere Abkühlung der oberen Stratosphäre ist durch die Ausstrahlung im Bereich der CO_2-Bande bei 15 μm bedingt. Im globalen Mittel wird die durch kurzwellige Strahlung bedingte Erwärmung der Atmosphäre annähernd durch die Abkühlung als Folge der langwelligen Strahlungsprozesse ausgeglichen. Betrachtet man allerdings verschiedene geographische Breiten, so ergeben sich zwischen beiden Halbkugeln wegen des unterschiedlichen Sonnenstandes in der Winter- und der Sommerhemisphäre der Erde und der unterschiedlichen Temperaturverhältnisse beträchtliche Differenzen der Erwärmungsraten (Abb. 37 und 38). Die in horizontaler und vertikaler Richtung entstehenden Temperaturdifferenzen sind Motor der großräumigen Bewegungsvorgänge in der Atmosphäre. Auf

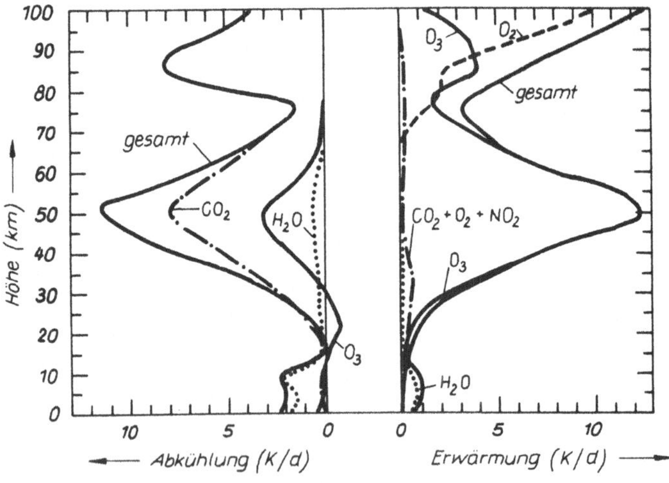

Abb. 37. Globale mittlere Erwärmungs- und Abkühlungsraten der Atmosphäre in Kelvin pro Tag durch Absorption der Sonnenstrahlung und Absorption/Emission der langwelligen Strahlung der Erde/Atmosphäre, die durch das Vorhandensein atmosphärischer Gase (CO_2, H_2O, O_3 und NO_2) bedingt sind (nach London, 1979)

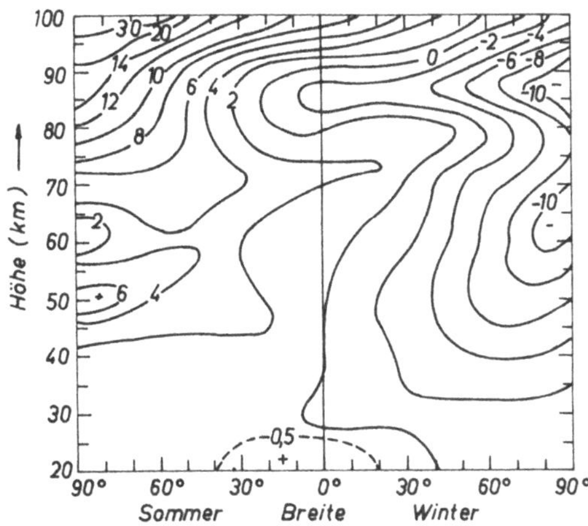

Abb. 38. Strahlungsbedingte Erwärmung (Erwärmung positiv, Abkühlung negativ) der Atmosphäre in Kelvin pro Tag in Abhängigkeit von der geographischen Breite und Höhe über dem Erdboden. Die Erwärmung um etwa 6 K pro Tag im Bereich um 50 km Höhe ist wesentliche Energiequelle für die atmosphärischen Bewegungsvorgänge in Stratosphäre und Mesosphäre. In der Mesosphäre ist die Absorption durch O_2 für die Erwärmung der Atmosphäre verantwortlich (London, 1979)

diese Weise ist das Ozon neben dem Kohlendioxid und dem Wasserdampf eine der Hauptkomponenten im Strahlungs- und Wärmehaushalt der Atmosphäre. Jede anhaltende Änderung der Ozonkonzentration – sei es auch nur eine Änderung der vertikalen Verteilung bei gleichbleibendem Gesamtgehalt – würde eine Verschiebung dieses Gleichgewichts im Strahlungshaushalt bedeuten und zwangsläufig Änderungen der atmosphärischen Zirkulationsprozesse nach sich ziehen. Gäbe es in der Atmosphäre kein Ozon, so würde man als Strahlungstemperatur der Erde/Atmosphäre, die man von einem Raumschiff aus messen würde, anstelle der jetzt 254 K nur etwa 214 K messen. Am Erdboden wäre die Lufttemperatur um 3–4 K niedriger. Das erscheint wenig, wäre aber, gemessen an den natürlichen Klimaschwankungen, die im Verlauf von Jahrzehnten und Jahrhunderten nur einige Zehntel bis etwa 1 K betragen, Ausdruck einer wesentlichen Klimaänderung. Ohne H_2O, CO_2 und O_3 wäre die Temperatur in Erdbodennähe sogar um 33 K niedriger, so daß die Erde vollständig mit Eis bedeckt wäre.

Außer dem Ozon absorbiert nur noch das Stickstoffdioxid (NO_2) einen energetisch erwähnenswerten Anteil der Sonnenstrah-

Tabelle 10. Absorptionsbanden einiger Spurengase der Atmosphäre im langwelligen Spektralbereich

$$\left(\text{Wellenlänge } \lambda : \lambda(\mu m) = \frac{10^4}{k\,(cm^{-1})}\right)$$

Spurengas	Mittlere Konzentration in Erdbodennähe in Vol.-Anteilen	Wellenzahl der Bandenzentren k in cm^{-1}
O_3	$(20-40)\cdot 10^{-9}$	701, 1042, 1103
NO_2	$10^{-12}\ldots 10^{-9}$	750, 1621
N_2O	$300\cdot 10^{-9}$	589, 1168, 1285, 2200
$CH_3C(O)O_2NO_2$	$50\cdot 10^{-12}$	600, 793, 1056, 1163, 1300, 1730
SO_2	$100\cdot 10^{-12}$	518, 1151, 1361
CH_4	$1{,}67\cdot 10^{-6}$	1306, 1534
CCl_4 (F-10)	$140\cdot 10^{-12}$	776
$CFCl_3$ (F-11)	$230\cdot 10^{-12}$	846, 1085, 2144
CF_2Cl_2 (F-12)	$400\cdot 10^{-12}$	915, 1095, 1152
CF_3Cl (F-13)	$7\cdot 10^{-12}$	783, 1102, 2100
CF_4 (F-14)	$70\cdot 10^{-12}$	632, 1241, 1261, 1283
CF_2HCl (F-22)	$70\cdot 10^{-12}$	820, 1117, 1311
C_2F_6 (F-116)	$4\cdot 10^{-12}$	714, 1116, 1250
$CHCl_3$	$10\cdot 10^{-12}$	774, 1220
CH_3Cl	$600\cdot 10^{-12}$	732, 1015, 1400
CH_2Cl_2	$30\cdot 10^{-12}$	714, 736, 1236
CH_3CCl_3	$130\cdot 10^{-12}$	707, 1084, 1385
CH_3Br	$10\cdot 10^{-12}$	611, 955, 1306, 1443
$CBrF_3$ (F-13B1)	$1\cdot 10^{-12}$	1085, 1210
C_2H_6	$800\cdot 10^{-12}$	727–918
C_3H_8	$50\cdot 10^{-12}$	736–758
C_2H_4	$100\cdot 10^{-12}$	949
C_2H_2	$60\cdot 10^{-12}$	730, 1328
CS_2	$<5\cdot 10^{-12}$	1535
OCS	$500\cdot 10^{-12}$	859, 2000
NH_3	$<1\cdot 10^{-9}$	950

lung, der aber um eine Größenordnung unter dem des Ozons liegt. Dafür haben aber eine ganze Reihe von weiteren Spurengasen Absorptionsbanden im langwelligen Spektralbereich (Tab. 10). Zwar tragen gegenwärtig alle Spurengase zusammen nur etwa 2 K zur Temperatur am Erdboden durch ihre Absorptionswirkung bei, aber aus folgenden Gründen sind sie für den Strahlungshaushalt der Atmosphäre und für das Klima von herausragender Bedeutung:

a) Die meisten Absorptionsbanden der Spurengase liegen im Bereich des atmosphärischen Fensters.

b) Die Absorption ist bei einigen Spurengasen sehr stark.
c) Absorption und Emission nehmen mit zunehmendem Luftdruck zu, sind also in der unteren Atmosphäre, wo meist das Maximum der Konzentration der Gase liegt, am größten (Abb. 39).
Wenn die meist noch sehr geringen Konzentrationen der Spurengase weiter zunehmen, kann das zu einer merklichen Erwärmung der unteren Atmosphäre führen.

Bei der Bewertung des Einflusses von Spurengasen auf das Klima spielen indirekte Wirkungen, Rückkopplungen und Selbstheilungseffekte eine nicht zu unterschätzende Rolle. Dafür einige Beispiele. Das Kohlendioxid (CO_2) greift nicht direkt in den chemischen Haushalt der atmosphärischen Gase ein. Bei zunehmender CO_2-Konzentration führt aber seine Strahlungswirksamkeit zur Abkühlung der Stratosphäre und zur Erwärmung der unteren Atmosphäre. Da das Ozon bei geringer Temperatur langsamer chemisch zerstört wird, ergibt sich aus der CO_2-Zunahme indirekt eine Ozonzunahme in der oberen Stratosphäre, und zwar bei Verdopplung des CO_2-Gehaltes eine O_3-Zunahme im Bereich von 2–6 %. Durch das Ozon wird mehr Sonnenstrahlung absorbiert, so daß sich die mittlere Atmosphäre erwärmt und dadurch die ursprüngliche CO_2-bedingte Abkühlung gedämpft wird. Hier ein Beispiel für einen partiellen Selbstheilungseffekt. Wenn die Ozonkonzentration in der oberen Stratosphäre durch Fluorchlorverbindungen verringert wird, kühlt sich die Luft infolge der geringeren Absorption der Sonnenstrahlung ab. Andererseits kann die ultraviolette Sonnenstrahlung tiefer in die Atmosphäre eindringen und dort zur lokalen Ozonproduktion führen, durch die diese Atmosphärenschicht stärker erwärmt wird. Drei Beispiele für Rückkopplungseffekte mögen die Aufzählung abschließen.

Die Größe der Erwärmung der unteren Atmosphäre bei zunehmender Spurengaskonzentration ist vom Reflexionsvermögen des Erdbodens, der sog. *Erdbodenalbedo*, abhängig. Mit frisch gefallenem Schnee bedeckte Flächen haben beispielsweise für sichtbare Strahlung eine hohe Albedo von 80–90 %, Wasserflächen hingegen von 5–10 %. Führt eine Temperaturänderung in Erdbodennähe zum Gefrieren des Wassers oder Schmelzen von Schnee und Eis, so wird über die damit eintretende Albedoänderung die Temperaturänderung verstärkt.

Bei Erwärmung der bodennahen Luftschicht kann die Luft mehr Wasserdampf aufnehmen, beispielsweise bei einer Temperaturzunahme um 2 K etwa 10–15 % mehr H_2O. Durch die höhere Wasserdampfkonzentration können in der Troposphäre nach den Gl. (15) und (16) mehr OH-Radikale gebildet werden. Diese

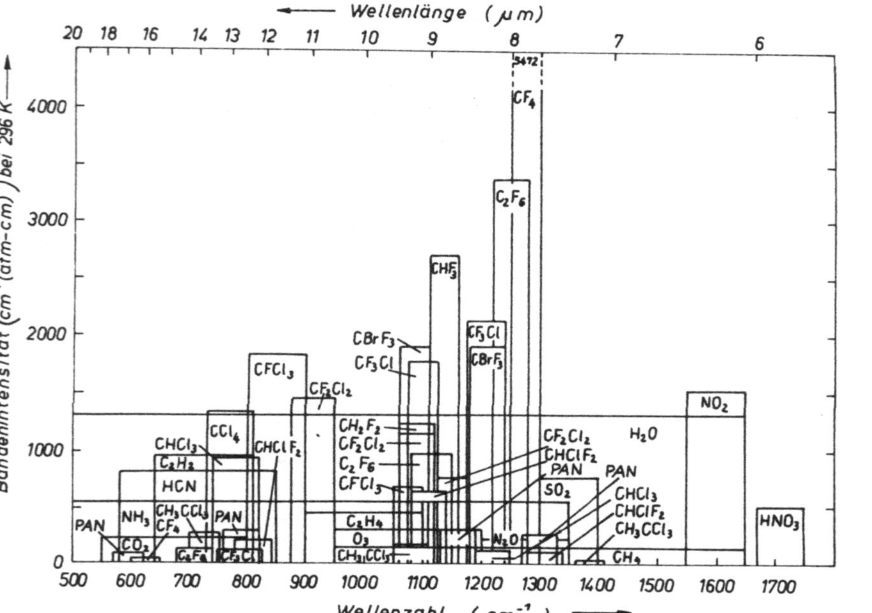

Abb. 39. Bandenintensitäten (Stärke der Absorption in Abhängigkeit von der Wellenlänge) einiger atmosphärischer Spurengase (PAN: Peroxyacetylnitrat)

OH-Radikale bauen chemisch viele Spurengase wie CO, CH_4, SO_2, CH_3CCl_3, CH_2F_2, CH_2Cl_2 und $CHClF_2$ ab. Die so geänderte Konzentration der Spurengase hat auf Grund ihrer Strahlungsabsorptionswirkung (ausgenommen CO) einen Einfluß auf die Lufttemperatur, und zwar kühlt sich die Luft bei Abnahme der Konzentration ab, d. h., diese Reaktionskette wirkt der ursprünglichen Temperaturzunahme entgegen. Wird der gebildete Wasserdampf durch die Tropopause in die Stratosphäre befördert, so nimmt er in diesem Höhenbereich an photochemischen Reaktionen teil.

Nicht zu vernachlässigen ist auch die bei Abnahme des stratosphärischen Ozongehaltes in die Troposphäre eindringende erhöhte UV-Strahlung im Spektralbereich 290–340 nm. Sie ist dort ein Stimulator für photochemische Reaktionen der Spurengase. Photochemische Reaktionen wie die OH-Radikal-Bildung (Gl. (15)) oder die Aufspaltung von Kohlenwasserstoffen tragen letztlich zur Photosmogbildung bei. Diese und weitere ähnliche Wechselwirkungen und Rückkopplungsmechanismen sind bei der Simulation komplexer atmosphärischer Prozesse in Modellen zu berücksichtigen.

6. Der Mensch greift in den Spurengashaushalt ein

6.1. Ändert sich die Zusammensetzung der Atmosphäre?

Hunderte von Millionen Jahren vergingen, bis die natürlichen Änderungen der Zusammensetzung der Luft zu einem Gleichgewichtszustand geführt hatten. Auch die Existenz des Menschen hatte, von lokalen Eingriffen wie Brandrodungen zur Gewinnung landwirtschaftlicher Anbaufläche abgesehen, praktisch keinen Einfluß auf die Zusammensetzung der Atmosphäre im globalen Maßstab. Eine entscheidende Wende wurde erst durch die industrielle Revolution im vorigen Jahrhundert herbeigeführt, als der Energiebedarf für die maschinelle Großproduktion rapide anstieg. Als Hauptenergiequelle in den dichtbesiedelten, sich schnell entwickelnden Ländern Europas und Nordamerikas wurden fossile Brennstoffe, zunächst hauptsächlich Kohle, genutzt. Etwa 85 % der gesamten in den fossilen Brennstoffen gespeicherten Kohlenstoffmenge von $(4...5) \cdot 10^{12}$ t sind in der Kohle enthalten. Bis zum Ende der 70er Jahre unseres Jahrhunderts wurden erst 3,6 % der bekannten Vorräte an fossilen Brennstoffen verbraucht, so daß noch riesige Kohlenstoffmengen unter der Erdoberfläche in Form von Kohle, Erdöl und Erdgas verborgen liegen.

Bei der Verbrennung dieser Energieträger in Kraftwerken, in Kraftfahrzeugen, Flugzeugen, Schiffen u. a. wird der Kohlenstoff hauptsächlich in Form von *Kohlenmonoxid* und *Kohlendioxid* in die Atmosphäre abgegeben. Während der größte Teil (rund 85 %) des CO in CO_2 umgewandelt wird,

$$CO + OH \rightarrow CO_2 + H, \tag{22}$$

und der Rest durch den Erdboden aufgenommen wird, sammelt sich das CO_2 in der Atmosphäre an. Jährlich gelangen so etwa 5 Mrd. t Kohlenstoff in die Atmosphäre. Auch wenn 40–50 % des abgegebenen CO_2 in den Ozeanen gelöst werden und dadurch die Atmosphäre nicht mehr belasten, zeigt sich doch eine langzeitliche Zunahme der CO_2-Konzentration der Luft von gegenwärtig etwa 0,4 % pro Jahr (Abb. 40) als Folge der Verbrennung fossiler Brennstoffe. Durch Abholzung riesiger Waldgebiete, ins-

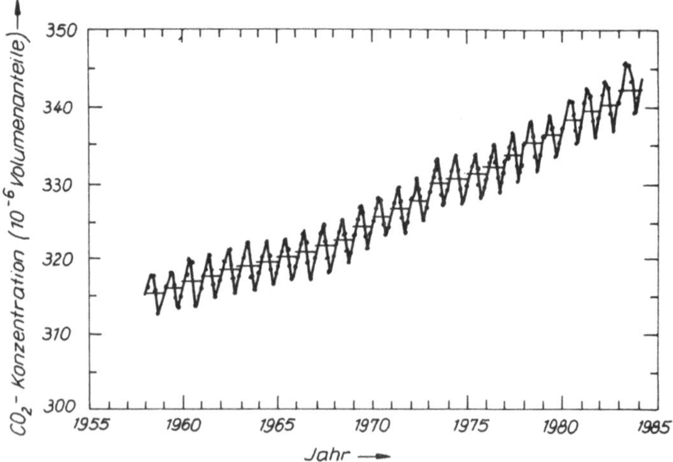

Abb. 40. CO_2-Konzentration am Erdboden in Mauna Loa auf Hawaii (19°32′ N, 155°35′ W, 3400 m ü. NN). Die jahreszeitlichen Schwankungen der CO_2-Konzentration sind durch den Vegetationsrhythmus (Photosynthese und temperaturabhängige Pflanzenatmung) bedingt

besondere in tropischen Gebieten – gegenwärtig gehen jährlich 11 Mill. ha (110 000 km²) Waldfläche verloren –, wird andererseits über die Photosynthese immer weniger CO_2 aus der Atmosphäre entfernt und in den Gehölzen gebunden, so daß dieser Waldraubbau den Prozeß der CO_2-Anreicherung in der Atmosphäre verstärken könnte. Gaseinschlüsse im antarktischen Eis, die man aus Eisbohrungen erhalten und analysiert hat, zeigen, daß vor der Zeit der industriellen Revolution nach der Mitte des vorigen Jahrhunderts die CO_2-Konzentration in der Atmosphäre nur etwa $270 \cdot 10^{-6}$ Volumenanteile betragen haben muß; die jetzige CO_2-Konzentration beträgt etwa $340 \cdot 10^{-6}$ Volumenanteile.

Bei der Verbrennung fossiler Brennstoffe werden auch Spurengase wie Stickoxide NO_x, Distickstoffoxid N_2O, Methan CH_4 und höhere Kohlenwasserstoffe C_mH_n gebildet. Die *Stickoxide* werden dabei zu einem geringen Teil aus dem Stickstoff des Brennstoffs, zu einem großen Teil aus dem Stickstoff der Luft gebildet, wobei die Bildung des Stickoxids NO mit zunehmender Verbrennungstemperatur ansteigt. Aus diesem Grund ist die NO-Emission von konventionellen Kraftwerken, die Steinkohle verbrennen, höher als die Emission von Braunkohlekraftwerken, und die NO-Emission von Viertaktmotoren ist i. allg. größer als die von Zweitaktmotoren. Natürlich haben das Konstruktionsprinzip des Motors und dessen Arbeitsregime sowie zusätzliche Einrichtungen zur Abgasminderung wie Kraftstoffsteuerung und 3-Weg-Katalysator sowie letztlich auch die Fahrweise wesentlichen Einfluß auf die Menge des abgegebenen CO, NO und C_mH_n. Maßnahmen zur Reduzierung der Abgasemission von Kraftfahrzeugen müssen deshalb sowohl auf dem Gebiet der technischen Weiterentwicklung der Motoren liegen als auch die Aufklärung der Bevölkerung einschließen, nur unbedingt notwendige Fahrten mit Kfz zu unternehmen und statt dessen umweltfreundlichere und billigere öffentliche Verkehrsmittel zu benutzen sowie für Gütertransporte effektive Transportmittel wie Binnenschiffe und die Eisenbahn einzusetzen.

Als Folge der Erweiterung landwirtschaftlich genutzter Flächen und der Intensivierung beim Anbau von Kulturen durch Düngung und Bewässerung sowie als Folge der erweiterten Nutzviehhaltung (global waren es 1980 1,2 Mrd. Stück) hat sich die Abgabe von *Methan CH_4* an die Atmosphäre erhöht. Schätzungen besagen, daß die Abgabe dieser auch als Hauptkomponente des Biogases genutzten Verbindung von 1950–1980 um rund 50 % zugenommen hat. Allein die Reisfelder tropischer Gebiete steuern 20–40 % zur global an die Atmosphäre abgegebenen

Methanmenge bei, und 15–25 % werden bei der Zersetzung organischer Stoffe durch Mikroben im Verdauungstrakt des Viehs, insbesondere bei Rindern und Büffeln, gebildet.

Neben dem Methan spielen eine Reihe von weiteren Kohlenwasserstoffen eine wichtige Rolle im Spurengashaushalt der Atmosphäre. Allgemeiner faßt man Kohlenwasserstoffe und weitere organische Verbindungen, die neben den C- und H-Atomen auch O-, N-, S- oder andere Atome im Molekül enthalten, unter der Bezeichnung *flüchtige organische Verbindungen* zusammen. Diese haben sehr unterschiedliche natürliche Quellen wie die Verbrennung von Biomasse, die Vegetation (vor allem Bäume), den Boden, Ozeane und auch die anthropogenen Quellen wie das Verdampfen von Treibstoffen und Lösungsmitteln und die Verbrennung fossiler Brennstoffe in Kraftfahrzeugen. Nicht nur die Quellen der zahlreichen Verbindungen dieser Gruppe sind sehr mannigfaltig, sondern auch ihre Eigenschaften wie Reaktionsvermögen und Toxizität. Durch das chemische Reaktionsvermögen wird maßgeblich die Aufenthaltsdauer der Gase in der Atmosphäre bzw. ihre Transportweite bestimmt. Zu den einfachsten Verbindungen dieser Art gehören die Kohlenwasserstoffe *Alkane* oder *Paraffine* (Ethan C_2H_6, Propan C_3H_8 u. a.), die *Alkene* oder *Olefine* (Ethen C_2H_4, Propen C_3H_6 u. a.) und die *Alkine* oder *Acetylene* (Ethin C_2H_2, Propin C_3H_4 u. a.). Weitere Verbindungen sind die *aromatischen Kohlenwasserstoffe* wie das Benzin C_6H_6, das Toluen $C_6H_5CH_3$ und das O-Xylen $C_6H_4(CH_3)_2$, die *Aldehyde* wie das Formaldehyd H_2CO und die *Ketone* wie das Azeton CH_3COCH_3, um nur einige zu nennen. Wegen der großen Zahl der verschiedenen Verbindungen werden bei der Schätzung der Emission, in Modellrechnungen oder bei der Messung der Konzentration in der Atmosphäre oft Zusammenfassungen in Gruppen von Verbindungen vorgenommen.

Beim Abbau organischer Stoffe in der oberen Erdbodenschicht durch Mikroorganismen entsteht das *Distickstoffoxid N_2O*. Diese N_2O-Bildung wird durch die Stickstoffdüngung (NH_4^+) des Bodens begünstigt. Mehr als die Hälfte des gesamten N_2O entstammt dem Erdboden, vor allem in subtropischen und tropischen Waldgebieten; etwa 30 % des N_2O werden durch die Verbrennung fossiler Stoffe und von Biomasse (durch Waldrodung, Steppenbrände usw.) in die Atmosphäre gebracht. In der oberen Troposphäre und unteren Stratosphäre wird N_2O durch ultraviolette Sonnenstrahlung in Stickstoff und Sauerstoff aufgespalten, und es entsteht Stickoxid:

$$N_2O + h\nu \quad \rightarrow N_2 + O\,(^1D), \qquad \lambda < 341\,nm \tag{23}$$
$$N_2O + O(^1D) \rightarrow NO + NO, \tag{24}$$
$$\rightarrow N_2 + O_2. \tag{25}$$

Auf Grund der langen Verweildauer in der Atmosphäre kann das N_2O den Spurengashaushalt nachhaltig beeinflussen und zur katalytischen Ozonzerstörung in der Stratosphäre beitragen. Eine Zunahme der Konzentration von N_2O um etwa 0,2 % pro Jahr wurde in den letzten Jahren beobachtet. Die Abb. 41 zeigt in stark vereinfachter Form einige Quellen von Spurengasen.

Chlorierte und fluorierte Kohlenstoff- und Kohlenwasserstoffverbindungen werden von der chemischen Industrie für die verschiedensten Anwendungszwecke produziert. Sie dienen als Lösungs- und Entfettungsmittel in der Elektronik und im Maschinenbau, als Feuerlöschmittel, als Treibmittel bei der Verschäumung von Kunststoffen, als Reinigungsmittel in der Textilreinigung und als Treibgas in Spraydosen. Diese Verbindungen

Abb. 41. Einige Quellen von Spurengasen

wurden bisher für diese und andere Zwecke eingesetzt, weil sie chemisch stabil und nichttoxisch, nichtbrennbar, geruchs- und geschmacklos sowie nichtkorrosiv sind. Sie haben teilweise ein geringes Wärmeleitvermögen und einen niedrigen Dampfdruck, was sie für den Einsatz als Kühlmittel geeignet macht. Diese günstigen Eigenschaften und der steigende Bedarf an verschiedenen Konsumgütern führten dazu, daß die Produktion einiger Fluorchlorkohlenwasserstoffe in den letzten Jahrzehnten immer weiter stieg. Auf Grund ihrer chemischen Stabilität steigen diese Spurengase im Verlauf mehrerer Jahre in die Stratosphäre auf und werden durch kurzwellige ultraviolette Sonnenstrahlung, die die untere Atmosphäre wegen des Vorhandenseins des Ozons nicht erreicht, aufgespalten. Die freigesetzten Chloratome können dort zum katalytischen Ozonabbau führen. Besondere Popularität erlangten in diesem Zusammenhang die Fluorchlorkohlenstoffverbindungen CCl_3F (F-11) und CCl_2F_2 (F-12) mit dem Handelsnamen *Freone* (von frigor $\triangleq$ Kälte), die Zahlen stehen für die Anzahl der Fluor-, Wasserstoff- und Kohlenstoffatome)[1]. Beide Gase waren 1928 in den USA erstmalig synthetisiert worden, als man nach nichttoxischen und nichtbrennbaren Kühlmitteln suchte. Die industrielle Produktion dieser Gase begann in den 30er Jahren und stieg im Laufe der Zeit an. Seit Beginn der 50er Jahre werden F-11 und F-22 ($CHClF_2$) auch als Treibgase in Spraydosen benutzt. F-11 dient darüber hinaus als Verschäumungsmittel bei der Polyurethanherstellung. Die Weltproduktion erreichte 1975 nahezu 450 kt bei F-12 und 370 kt bei F-11. Nachdem Sherwood Rowland und Mario Molina von der Universität von Kalifornien in Irvine 1974 die ozonzerstörende Wirkung dieser Gase entdeckt hatten, ging die industrielle Produktion bis 1982 auf etwa 75 % zurück. In einigen Ländern wie Schweden, Norwegen, Kanada und den USA wurden sogar Gesetze erlassen, die die Herstellung, Einfuhr oder Anwendung dieser Freone untersagten oder nur in zwingenden Ausnahmefällen zuließen. Seit 1982 ist die Weltproduktion wieder steigend und erreichte 1984 Werte von 320 kt (F-11) bzw. 390 kt (F-12). Ursache für den Anstieg der Produktion ist vor allem der zunehmende Einsatz der Gase in den Bereichen außerhalb der Spraydosenherstellung. Wegen der langen Verweildauer der Gase in der Atmosphäre von rund 70 bzw. 120 Jahren (Tab. 11) würde die

---

[1] Die rechts stehende Ziffer gibt die Anzahl der Fluoratome (F) im Molekül an, die vorletzte Ziffer minus 1 die Anzahl der Wasserstoffatome (H) und die drittletzte Ziffer plus 1 die Anzahl der Kohlenstoffatome (C).

Tabelle 11. Konzentration, Quellen und Senken ausgewählter atmosphärischer Spurengase

Gas	Konzentr. in der Atmosphäre in Vol.-Anteilen	Trend der Konzentration in % pro Jahr	Quellstärke in 10^9 kg pro Jahr	Hauptquellen		Senken	Verweildauer in der Atmosphäre
				natürlich	anthropogen		
1	2	3	4	5	6	7	8
Kohlendioxid CO_2	$344 \cdot 10^{-6}$	0,4	20 500	Brände, Vegetation	Verbrennung fossiler Brennstoffe u. Biomasse	Ozean, Pflanzen (Photosynthese)	1 Jahr
Kohlenmonoxid CO	$90 \cdot 10^{-9}$	0,5…2	$3 300 \pm 1 700$	Vegetation, Vegetationsbrände	dito und Oxydation von C_mH_n	Reaktion mit OH, Erdboden	0,1…0,4 Jahre
Methan CH_4	$1{,}67 \cdot 10^{-6}$	0,8…1,0	550 ± 250	Feuchtgebiete, Tundra, Seen, Ozean	Vieh, Termiten, Reisfelder, Verbrennung fossiler Brennstoffe	Reaktion mit OH, Transport in Stratosphäre, Mikroorganismen	5,5 Jahre
Distickstoffoxid N_2O	$300 \cdot 10^{-9}$	0,2	16 ± 3	Grasland, Wald, Ozean	Verbrennung fossiler Brennstoffe u. Biomasse, Erdboden	photochem. Aufspaltung in Stratosphäre	150 Jahre

1	2	3	4	5	6	7	8
Stickoxide $NO_x(NO + NO_2)$	$1 \cdot 10^{-12} \ldots -$ $500 \cdot 10^{-9}$		180 ± 100 (als NO_2)	Blitze, Ozean, Erdboden	Verbrennung, Oxydation von N_2O	Erdboden, chem. Umwandlung	1...2 Tage
Tetrachlorkohlenstoff CCl_4(F-10)	$140 \cdot 10^{-12}$	1...2	$0,11^1$	–	Industrie (Feuerlöschmittel, Lösungs-, Verschäumungsmittel)	Transport in Stratosphäre	50 Jahre
Chlortrifluormethan CCl_3F (F-11)	$230 \, 10^{-12}$	5	$0,32^1$ (1984)	–	Industrie (Kühlmittel, Treibgas, Kunststoffverschäumung)	dito	70 Jahre
Dichlordifluormethan CCl_2F_2 (F-12)	$400 \cdot 10^{-12}$	5	$0,41^1$ (1984)	–	dito	dito	120 Jahre
Tetrafluormethan CF_4 (F-14)	$70 \cdot 10^{-12}$	2	$0,020^1$	Erdboden	Aluminiumindustrie	dito	10 000 Jahre
Hexafluorethan C_2F_6 (F-116)	$4 \cdot 10^{-12}$	6	0,005	–	dito	dito	10 000 Jahre
Chlordifluormethan $CHClF_2$ (F-22)	$70 \cdot 10^{-12}$	10...15	$0,150^1$ (1984)	–	Industrie (Kühlmittel, Zwischenprodukt)	dito	20 Jahre

1	2	3	4	5	6	7	8
Trichlortrifluor-ethan $C_2Cl_3F_3$ (F-113)	$30 \cdot 10^{-12}$	10	$0,15^1$ (1984)	—	Industrie (Lösungs-mittel)	dito	90 Jahre
Halon 1211 $CBrClF_2$ (F-12B1)	$2 \cdot 10^{-12}$	20	$0,005?^1$ (1984)	—	Industrie (Feuer-löschmittel)	dito	30 Jahre
Halon 1301 $CBrF_3$ (F-13B1)	$1 \cdot 10^{-12}$	?	$0,008^1$ (1984)	—	dito	dito	110 Jahre
Methylchloroform CH_3CCl_3	$130 \cdot 10^{-12}$	6	$0,58^1$ (1983)	—	Industrie (Entfet-tungs- u. Lösungs-mittel)	dito	6 Jahre
Karbonylsulfid OCS	$500 \cdot 10^{-12}$	3	2	Ozean, Erd-boden, Vul-kane, Mar-sche	Verbrennung fossi-ler Brennstoffe u. Biomasse, Um-wandlung von CS_2	Reaktion mit OH, Transport in Stratosphäre	2...2,5 Jahre

[1] Geschätzte Produktion, wobei nicht alle Länder bei der Schätzung erfaßt sind, so daß die tatsächliche Quellgröße etwas höher sein kann.

Konzentration in der Luft noch längere Zeit zunehmen, selbst wenn eine konstante Menge freigelassen wird oder sogar wenn die Produktion rückläufig ist. Die an mehreren Stationen beobachtete Konzentrationszunahme beträgt für beide Gase rund 5 % pro Jahr. Weitere Chlorverbindungen, deren Konzentrationen in der Atmosphäre auf Grund der zunehmenden Produktionszahlen und der langen Verweildauer in der Atmosphäre in den letzten Jahren zugenommen haben, sind *Tetrachlorkohlenstoff* CCl_4 (1–2 % pro Jahr), Methylchloroform CH_3CCl_3 (6 % pro Jahr) sowie die Freone F-14 (2 % pro Jahr), F-22 (10–15 % pro Jahr) und F-113 (10 % pro Jahr). Dabei ist das Ozonzerstörungspotential von F-22 mit 5 % des Potentials von F-11 gering. Bedeutung als potentielle Ozonzerstörer und klimarelevante Substanzen haben auch die Bromverbindungen Halon 1211 ($CBrClF_2$) und Halon 1301 ($CBrF_3$) erlangt, die als Feuerlöschmittel teilweise als Ersatz für die CO_2- und CCl_4-Löscher produziert und eingesetzt werden. Der Name Halon ist aus dem englischen Ausdruck Halogenated Hydrocarbon (halogenierter Kohlenwasserstoff) abgeleitet. Der größte Vorteil der Halonlöscher gegenüber Kohlendioxidlöschern besteht darin, daß eine wesentlich geringere Konzentration des Halons zum Löschen erforderlich ist, so daß diese Löschmittel nicht zur Gefährdung für Menschen werden, die sich in der Nähe des Brandherdes aufhalten. Bei CO_2-Löschern kann eine so hohe CO_2-Konzentration beim Einsatz des Löschers entstehen, daß Erstickungsgefahr für Menschen in geschlossenen Räumen bestehen würde. Dadurch sind Halone in automatischen Raumschutzanlagen zeitlich eher anwendbar.
Zwei Gase, die zu 80 % natürlichen Quellen (Ozean, brennende Biomasse, Erdboden) entstammen, die aber auch bei der Verbrennung fossiler Brennstoffe frei werden, sind das *Kohlenstoffdisulfid* CS_2 und das *Karbonylsulfid* OCS. Das erstgenannte Gas hat eine Verweildauer in der Atmosphäre von nur wenigen Wochen. Etwa 30 % des OCS entstehen durch Umwandlung aus dem CS_2. Karbonylsulfid hält sich 2–2,5 Jahre in der Atmosphäre auf. Es wird in die untere Stratosphäre transportiert und trägt dort zur Verstärkung der vor allem aus Schwefelsäuretröpfchen bestehenden Aerosolschicht bei, die als Folge großer Vulkanausbrüche in der mittleren Atmosphäre existiert. Das Aerosol absorbiert einen Teil der Sonnenstrahlung und hat dadurch einen Einfluß auf die Temperaturverteilung in der Atmosphäre.
Die hier erwähnten Spurengase stellen nur eine Auswahl dessen dar, was durch natürliche und durch den Menschen künstlich geschaffene Quellen in die Atmosphäre abgegeben wird. Vor al-

lem solche Spurengase sind weiter im Auge zu behalten, deren Quellstärken zeitlich zunehmen und die eine lange Verweildauer in der Atmosphäre haben. Je nach ihrem Einfluß auf den Strahlungshaushalt oder die in der Atmosphäre ablaufenden photochemischen Prozesse bzw. ihrer direkten Wirkung auf die Biosphäre ist es erforderlich, Prioritäten für die Notwendigkeit der Überwachung der Konzentration des einen oder anderen Spurengases festzulegen. Es ist ebenfalls notwendig, darüber zu entscheiden, für welche Stoffe Modellsimulationen gerechnet werden und welche gesetzlichen Maßnahmen zur Begrenzung ihrer Produktion oder Emission zu treffen sind. Ein wichtiges Hilfsmittel für die Beurteilung des Einflusses jedes Spurengases auf den gesamten Spurengashaushalt, auf den Strahlungshaushalt und die Transportprozesse in der Atmosphäre sind die Modelle.

6.2. Die Modelle

In der Meteorologie, der Physik und Chemie der Atmosphäre, haben Modelle eine besondere Bedeutung. Da die ablaufenden physikalischen und chemischen Prozesse oft eine große Ausdehnung bis hin zum globalen Maßstab haben und teilweise lange Zeiträume umfassen, die in ihrer Gesamtheit gar nicht oder nur mit sehr hohem Aufwand zu untersuchen sind, versucht man, die Teilprozesse mit Hilfe von numerischen Modellen zu simulieren. Voraussetzung für die Entwicklung und Anwendung numerischer Modelle war und ist das Vorhandensein leistungsfähiger elektronischer Datenverarbeitungsanlagen. Sehen wir uns einmal die Teilprozesse an, die mit numerischen Modellen zu beschreiben sind. Bei den *Strahlungsprozessen* geht es um die Beschreibung der Schwächung der Sonnenstrahlung durch die *Streuung* der Strahlung an Luftmolekülen und Aerosolteilchen (d.h. eine Ablenkung nach allen Richtungen), die *Absorption* der Strahlung durch Aerosol und atmosphärische Gase, die *Reflexion* der Strahlung an der Erdoberfläche sowie die Absorption und *Emission* der von Erde und Atmosphäre ausgehenden langwelligen Strahlung. Besonders kompliziert ist die Berücksichtigung des Strahlenumsatzes in Wolken. Wegen der Kompliziertheit der Strahlungstransportprozesse sind oft starke Vereinfachungen bei der Beschreibung notwendig. Aus der berechneten spektralen Verteilung der Strahlungsströme lassen sich die Photodissoziation der Gase und die Erwärmungs- und Abkühlungsraten der Luft in Abhängigkeit von der Höhe bestimmen. Als Eingangsgrößen für diese Rechnungen müssen die spektrale Verteilung der Sonnenstrahlung außerhalb der Atmosphäre, die spektroskopischen Parameter der Gase und deren Konzentrationen möglichst genau bekannt sein. Das hört sich unkompliziert an, doch tatsächlich ist zur Bestimmung dieser Größen ein beträchtlicher experimenteller Aufwand erforderlich. Messungen der extraterrestrischen Sonnenstrahlung werden außerhalb der dichtesten Schichten der Atmosphäre mit Hilfe von Raketen und vor allem Satelliten durchgeführt. Die spektrale Lage, Stärke und Form der Absorptionslinien der Gase wird durch Labormessungen, teilweise auch theoretisch bestimmt. Die Linienparameter für rund 400 000 Absorptionslinien wurden durch solche Messungen bereits erfaßt, davon etwa 49 000 für die Absorptionsbanden des Ozons. (Als Bande bezeichnet man eine relative Häufung von Absorptionslinien in einem Spektralbereich.) Allerdings gibt es noch große Lücken in dem vorhandenen Datenarchiv. In einigen Fällen ist auch die Genauigkeit der vorliegenden Linienparameter noch zu gering.

Die Simulation der *photochemischen Prozesse* erfordert die Kenntnis der chemischen und photochemischen Reaktionsgleichungen und die Größe der Koeffizienten bzw. die Geschwindigkeiten der Umsetzungsraten. Für 250—300 Reaktionen, die in Modellen berücksichtigt werden, wurden die teilweise von Druck und Temperatur abhängigen Reaktionsraten und Absorptionsquerschnitte im Labor bestimmt (Abb. 42). Wenn die Reaktionen der organischen Chemie in den Modellen berücksichtigt werden sollen, könnte die Zahl der Gleichungen noch um eine Größenordnung höher sein. Bei der Simulation dieser Prozesse sind die Größen von Quellen und Senken der Gase ebenfalls zu berücksichtigen, d. h. Prozesse, durch die die Gase in die Atmosphäre gelangen und wieder aus ihr entfernt werden. Auch die Kenntnis dieser Größen erfordert Messungen der Emissionsraten, der Aufnahme von Gasen durch den Erdboden, der Umwandlung von Gasen in Aerosolteilchen, der Auswaschung durch den Niederschlag u. a.

Ein dritter wichtiger Prozeß, der die räumliche und zeitliche Verteilung der Konzentrationen von Spurengasen mitbestimmt, ist der *Transport*. Der Stofftransport kann sowohl als geordnete, gleichförmige Bewegung als auch durch turbulente Bewegungen oder in Wellenform erfolgen. Auch Bewegungs- und Wärmeenergie werden horizontal und vertikal transportiert. Der Transport in 3 Richtungen läßt sich numerisch durch Differentialgleichungen höherer Ordnung beschreiben, in denen solche Einflüsse wie die Abbremsung der Luftströmung durch den Erdboden oder die durch die Geländeform bedingten erzwungenen Auf- und Abwärtsbewegungen erfaßt werden können. Je mehr

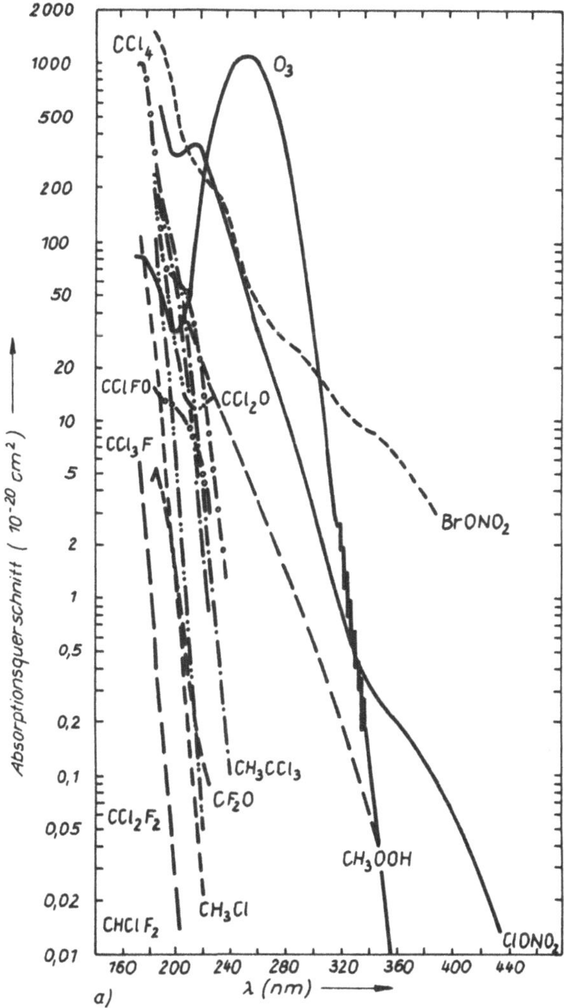

Abb. 42. Absorptionsquerschnitte verschiedener Spurengase im ultravioletten Spektralbereich

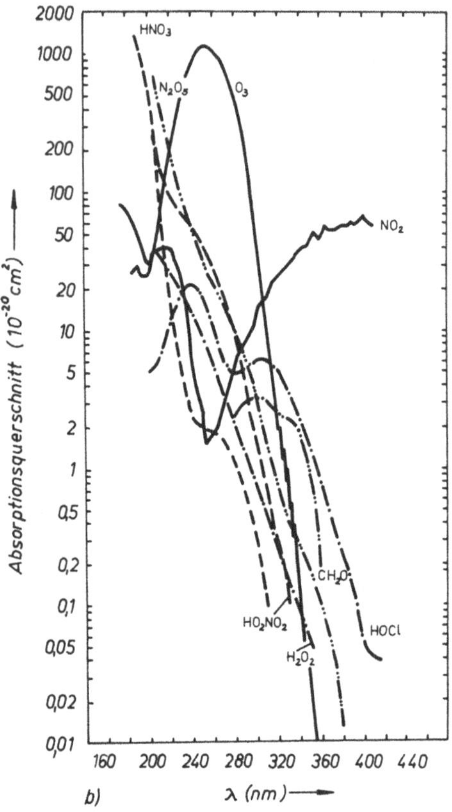

Einflüsse berücksichtigt werden, um so besser wird i. allg. die Simulation des Transports der Gase sein, aber um so rechenzeitaufwendiger wird gleichzeitig die Modellsimulation. Modelle der allgemeinen Zirkulation der Atmosphäre, auch *dreidimensionale Modelle* genannt, beschreiben den Transport in meridionaler, zonaler und vertikaler Richtung. Diese Modelle benötigen meist so viel Rechenzeit auf modernen Großrechenanlagen, daß nur wenige spezielle numerische Experimente durchgespielt werden können. In diesen Modellen müssen zwangsläufig die übrigen Prozesse wie Photochemie und Strahlung etwas stiefmütterlich behandelt werden, d. h., sie können nur stark vereinfacht dargestellt werden. Bei weiterer Leistungsteigerung der Computer ergeben sich allerdings künftig neue Perspektiven für die Anwendung dreidimensionaler Modelle.

Eine Rechenzeit sparende Vereinfachung wird durch die *zweidimensionalen Modelle* erreicht, in denen zonal gemittelt und somit auf die meridionalen Unterschiede verzichtet wird. Spezielle Formen dieser Modelle sind die sog. *Eulerschen Modelle*, die ein festes Koordinatensystem haben, und die *Lagrangeschen Modelle*, bei denen sich das Koordinatensystem mit der mittleren Luftströmung bewegt, so daß nur die Abweichungen von der mittleren Strömung erfaßt und betrachtet werden müssen. Die stärkste Vereinfachung des Transports wird in *eindimensionalen*

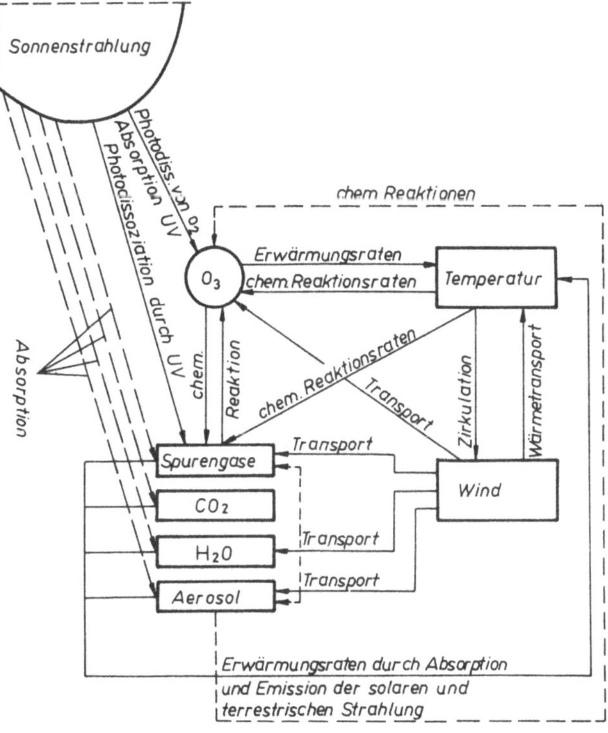

Abb. 43. Wechselwirkungen zwischen Spurengasen in der Atmosphäre, Strahlungsprozessen, Lufttemperatur und Transportprozessen. Darüber hinaus stehen die in der Atmosphäre ablaufenden Prozesse mit der Erdoberfläche über die Quellen und Senken der Spurengase, des H_2O, des CO_2 und des Aerosols, der Abhängigkeit der Temperatur, der Reflexstrahlung und der langwelligen Strahlungsprozesse sowie der Wärme- und Impulsströme von der Art und dem Zustand der Erdoberfläche zueinander in enger Beziehung

Modellen vorgenommen, die nur noch den Transport in vertikaler Richtung mit Hilfe von Turbulenzkoeffizienten beschreiben. Dafür können aber photochemische Prozesse und Strahlungsprozesse sehr detailliert beschrieben werden.

Je besser die entscheidenden Rückkopplungen oder Wechselwirkungen zwischen den einzelnen Teilprozessen in den Modellrechnungen berücksichtigt werden, um so genauer werden auch die Ergebnisse dieser Modellrechnungen sein. Zur Einschätzung der Leistungsfähigkeit der verschiedenen Modelltypen werden mit diesen Modellen Rechnungen für gleiche Szenarien ausgeführt, d. h., identische Ausgangswerte und identische Fragestellungen werden den Rechnungen zugrunde gelegt. Wie erwartet, traten bei solchen Vergleichen z. T. beträchtliche Differenzen der Ergebnisse auf, doch immerhin zeigte sich i. allg. eine qualitative Übereinstimmung der mit verschiedenen Modellen erhaltenen Resultate.

Was können nun eigentlich solche Modelle leisten, welche Aussagen dürfen wir von ihnen erwarten? Hierzu einige Beispiele.

Mit Strahlungsmodellen kann man die Änderung der den Erdboden erreichenden biologisch wirksamen UV-Strahlung der Sonne bei Änderung des Ozongehaltes, der Lufttrübung durch das Aerosol oder der Bewölkung simulieren (Abb. 31, 33, 34). Man kann auch die Klimawirkung für eine vorgegebene Änderung der Konzentration eines oder mehrerer Spurengase berechnen. Bei Berücksichtigung der photochemischen Prozesse und der Transportprozesse läßt sich der Einfluß der Änderung der Quellstärke von Spurengasen (beispielsweise der Einfluß einer Änderung der Emission der Treibgase von Spraydosen oder der Emission von Stickoxiden durch Kraftfahrzeuge) auf die Verteilung anderer Spurengase wie des Ozons, auf die Belastung des Erdbodens mit säurehaltigem Niederschlag und auf das Klima berechnen. Mit Modellen lassen sich aber nicht nur globale und langfristige Prozesse simulieren, sondern auch kleinräumige oder episodenartige Vorgänge beschreiben. Solche Aussagen werden für die Standortwahl bei der Planung des Baus von Kraftwerken und Industrieanlagen sowie für die Abschätzung des die Ländergrenzen überschreitenden Transports von Luftverunreinigung benötigt. Folgende Beispiele mögen die Aussagen von Modellrechnungen illustrieren.

a) *Fragestellung:* Welche Änderung der Ozonkonzentration und des Klimas müßte im globalen Mittel durch die zunehmende Emission von CO_2, CH_4, N_2O, NO_x und Fluorchlorkohlenwasserstoffen (FCKW) schon eingetreten sein?

Ergebnis: Zunahme der Ozonkonzentration in der Troposphäre um etwa 0,5 % pro Jahr und Abnahme in der Stratosphäre um etwa 0,2 % pro Jahr. Dieser Änderung der Ozonkonzentration und der Zunahme der Konzentrationen der Spurengase entspricht eine Abnahme der Temperatur in der Stratosphäre von maximal 4 K und eine Zunahme in Erdbodennähe von 0,6–0,7 K.

b) *Fragestellung:* Am Morgen des 30. Juni 1908 drang ein gigantischer Meteor mit einer Masse von etwa 1–5 Mill. t und einem Durchmesser von rund 100 m im flachen Winkel in die Erdatmosphäre ein und explodierte in der Nähe der Erdoberfläche im Gebiet des Flußbeckens der Steinigen Tunguska in Zentralsibirien. Dabei wurde eine Energie frei, die einer Kernexplosion von etwa 10 Mt entspricht, das ist das 500–1000fache der Sprengkraft der Atombomben von Hiroshima am 6. 8. 1945 bzw. von Nagasaki am 9. 8. 1945. Bei der Explosion wurde nicht nur der Wald auf einer Fläche von 2000 km^2 verbrannt oder anders zerstört, sondern es bildeten sich durch die frei werdende Wärme 30 Mill. t NO, das ist etwa die 5fache Menge des natürlichen Stickoxids der Stratosphäre. Welche Änderung des Ozongehaltes muß mit diesem Naturereignis verbunden gewesen sein?

Ergebnis: Nach Modellrechnungen von R. P. Turco u. a. (1980) betrug die globale Gesamtozonabnahme im ersten Jahr nach der Katastrophe maximal 45 %, wobei in der Nähe des Katastrophengebietes die Ozonreduzierung noch größer gewesen sein muß. Aus den Spektralmessungen der Sonnenstrahlung im sichtbaren Bereich (Chappuis-Bande), die am Smithsonian Astrophysikalischen Observatorium in dieser Zeit ausgeführt wurden, kann man nach der Meteorexplosion tatsächlich eine Ozonabnahme auf etwa 200 D im Jahre 1909 nachweisen. 2 Jahre später, im Jahre 1911, betrugen die Ozonwerte wieder rund 300 D.

c) *Fragestellung:* Bei der Detonation von Kernwaffen werden pro 1 Mt TNT-Äquivalent durch die bedeutende Temperaturerhöhung $(0,5 \ldots 1,5) \cdot 10^{32}$ Moleküle NO gebildet, das bei großen Detonationen mit der schnell aufsteigenden Luftströmung in die Stratosphäre gelangt und dort Ozon katalytisch zerstört. Wie groß wäre in einem Kernwaffenkrieg bei Einsatz von Kernwaffen mit einer Sprengkraft von 10 000 Mt die Ozonabnahme?

Ergebnis: Die Abb. 44 zeigt eine maximale Ozonabnahme in 15 km Höhe auf der Nordhalbkugel von 70 %. Diese Verringerung der Ozonkonzentration beträgt zwei Jahre nach dem Kernwaffeneinsatz noch immer 15–50 %. In der Trophosphäre ergibt sich auf Grund der „Smogreaktionen" eine Ozongehaltszunahme bis zu 30 %.

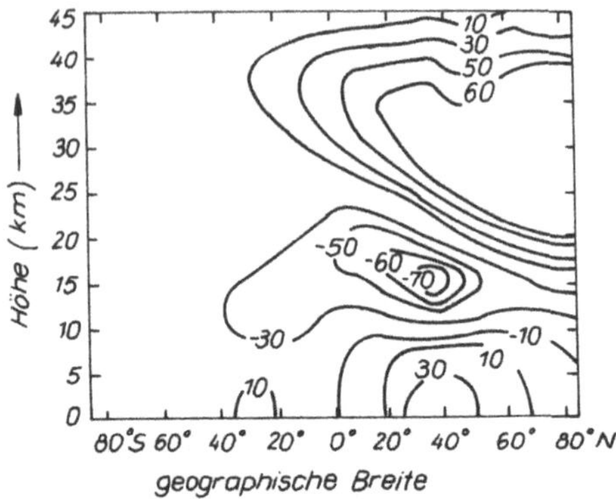

Abb. 44. Änderung der Ozonkonzentration in der Atmosphäre in Prozent als Folge der Bildung von Stickoxiden (NO_x) im Falle eines Kernwaffenkrieges (Szenario: 10 000 Mt TNT-Äquivalent gelangen zwischen 20° N und 60° N zur Detonation, wobei 5 000 Sprengköpfe eine Sprengkraft von 1 Mt und 500 Sprengköpfe eine Sprengkraft von 10 Mt haben) (nach Crutzen und Birks, 1982)

Die Folgen einer so starken Ozongehaltsänderung wären katastrophal. Sie würden die ohnehin schon unvorstellbaren direkten Kernwaffenwirkungen noch weiter verschlimmern. Darüber hinaus würden wegen der riesigen Wald- und Steppenbrände sowie der Brände und Feuerstürme in Städten, Industrieanlagen und Speichern und durch den bei Erddetonationen in die Atmosphäre gewirbelten Staub riesige Mengen von Ruß, Asche, Staub und Gasen in die Atmosphäre gelangen, die die Sonnenstrahlung nicht mehr bis zum Erdboden durchließen. In diesem Dämmerungszustand würde sich die Erdoberfläche, wie Modellrechnungen zeigen, selbst im Sommer bis weit unter den Gefrierpunkt abkühlen, das Oberflächenwasser würde zum großen Teil gefrieren, und die Vegetation ginge ein. In der unteren Atmosphäre, dem Lebensraum von Mensch und Tier, würden sich giftige Schadstoffe der Verbrennungsprodukte anreichern. Sie würden nur langsam durch den Niederschlag ausgewaschen oder nach oben weggeführt, weil sich infolge der Aerosolanreicherung in der unteren Stratosphäre diese Schicht durch die Absorption der Sonnenstrahlung stark erwärmen könnte (Temperaturzunahme maximal 90 K!) und so als Sperrschicht den vertikalen Luftaustausch behindern würde. P. J. Crutzen und J. W. Birks waren die ersten, die diese Folgen 1982 erkannten und durch Modellrechnungen belegten. Die seitdem als *Nuklearer Winter* in der breiten Öffentlichkeit bekannt gewordenen Ergebnisse, die inzwischen weiter erforscht wurden und nach neueren Ergebnissen von einem *Nuklearen Sommer* (durch Ausfall des Aerosols und der verstärkten Absorption der Sonnenstrahlung infolge Erhöhung der Erdbodenalbedo besonders in hohen geographischen Breiten) gefolgt würden, weisen eindrucksvoll auf die dringliche Notwendigkeit der weltweiten nuklearen Abrüstung hin.

Allein durch die Kernwaffentests unmittelbar vor dem Abschluß des „Vertrags über das Verbot von Kernwaffenversuchen in der Atmosphäre, im kosmischen Raum und unter Wasser" vom 5. August 1963 müßte nach Modellrechnungen eine befristete Gesamtozonabnahme von etwa 4% eingetreten sein.

d) *Fragestellung:* Wie ändert sich langfristig die Ozonkonzentration, wenn die Emission von FCKW (1,5%/a), CH_4 (1%/a), N_2O (0,25%/a) und CO_2 (0,5%/a) zunimmt (Szenario wie in Abb. 45)?

Ergebnis: Die mit einem eindimensionalen Modell erhaltene Ozonverteilung zeigt Abb. 45a und b für den Zeitraum von 5–100 Jahren. Auf Grund der Smogreaktionen durch CH_4 ergibt sich eine Ozonzunahme in der unteren Atmosphäre bis 20% und, durch die Emission von Freonen und N_2O bedingt, eine Ozonabnahme bis 45% in 40 km Höhe. Die dieser Vertikalverteilung entsprechende Gesamtozonabnahme erreicht nur maximal 4%. Die mit einem zweidimensionalen Modell für ein ähnliches Szenario, d. h. für ähnliche Werte der Emission, erhaltenen Resultate zeigen auch die Abhängigkeit der Änderung der Ozonkonzentration von der geographischen Breite (Abb. 46). Die stratosphärische Ozonabnahme ist demnach in mittleren und hohen Breiten der Winterhemisphäre maximal. Die Abb. 45c zeigt, daß die Ergebnisse von Modellrechnungen wesentlich von dem gewählten Szenario abhängig sind.

Es ist leicht einzusehen, daß die Modellrechnungen mit Unsicherheiten behaftet sind. Das betrifft nicht nur das Szenario, das auf der Grundlage der Schätzungen über die Bevölkerungsentwicklung, den Energiebedarf und die Arten der Energiegewinnung sowie den Ausstoß bestimmter Spurengase formuliert werden muß. Es betrifft auch die Modelle selbst. Welchen Einfluß allein die photochemischen Reaktionsraten und Massenaustauschkoeffizienten auf die Modellrechnungsergebnisse haben können, zeigt die Abb. 47. Für eine hypothetische FCKW-Emission der Menge von 1974 und die Emission von Stickoxiden in einer Gesamtmenge von 2000 Molekülen NO $cm^{-3} \cdot s^{-1}$ in 20 km Höhe (letzteres entspricht dem jährlichen Abgasausstoß von 2245 Überschallflugzeugen des Typs „Concorde") wurde die Gesamtozongehaltsänderung mit den im Zeitraum 1974–1985 jeweils anerkannten Eingangsparametern berechnet. Allein durch die Änderung der Modellparameter ergab ein und dasselbe Modell Ozonvariationen durch FCKW zwischen −5% und −20%

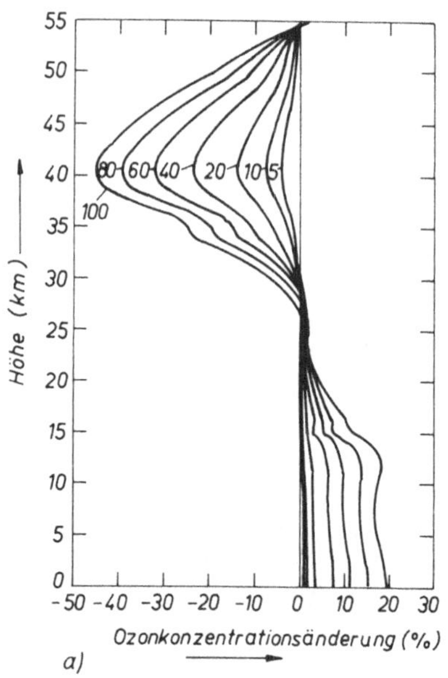

100
80 60 40 20 10 5
55
50
45
40
35
30
25
20
15
10
5
0
Höhe (km)
-50 -40 -30 -20 -10 0 10 20 30
Ozonkonzentrationsänderung (%)
a)

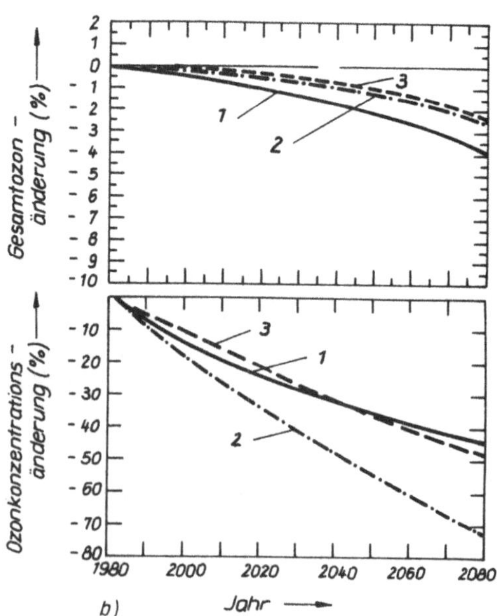

2
1
0
- 1
- 2
- 3
- 4
- 5
- 6
- 7
- 8
- 9
- 10
Gesamtozon - änderung (%)
3
1
2
- 10
- 20
- 30
- 40
- 50
- 60
- 70
- 80
Ozonkonzentrations - änderung (%)
3
1
2
1980 2000 2020 2040 2060 2080
b)
Jahr

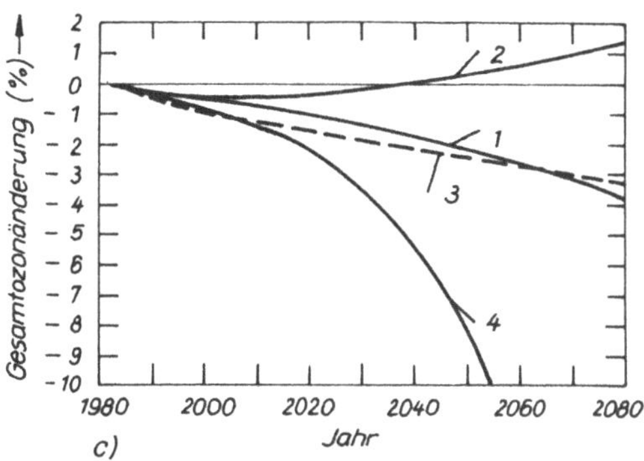

Abb. 45. Zeitliche Änderung der Konzentration des CO_2 und atmosphärischer Spurengase NO_2, CH_4, CCl_3F und CCl_2F_2 (angenommene Extrapolation) für folgendes Szenario:
Zunahme der Emission der Fluorchlorverbindungen ab 1980 um 1,5 % pro Jahr, Zunahme der Konzentration von CH_4 um 1 % pro Jahr, von N_2O um 0,25 % pro Jahr und von CO_2 um 0,5 % pro Jahr.
a) Für das Szenario mit einem eindimensionalen Modell berechnete zeitliche Änderung der vertikalen Ozonverteilung für 5–100 Jahre im voraus;
b) zeitliche Änderung des Gesamtozongehaltes der Atmosphäre (oben) und der Ozonkonzentration in 40 km Höhe (unten) nach drei verschiedenen Modellrechnungen für das genannte Szenario;
1 Lawrence Livermore National Laboratory; 2 Brasseur; 3 DuPont;
c) zeitliche Änderung des Gesamtozongehaltes für verschiedene Szenarien nach Rechnungen mit einem eindimensionalen Modell;
1 Szenario wie in a)
2 Szenario wie in a), aber mit einer Emission von Fluorchlorverbindungen (CFC), die zeitlich konstant bleibt
3 Szenario wie in a), aber mit zeitlich konstanter Emission von CFC, CH_4 und N_2O
4 Szenario wie in a), aber Zunahme der Emission von CFC um 3 % pro Jahr

und durch NO_x zwischen +5 % und −15 %. Ein Vergleich verschiedener Modelle mit demselben Szenario zeigte ähnliche Abweichungen in der berechneten Ozonreduzierung (s. Abb. 45). Diese Unsicherheit der Modelle muß man berücksichtigen, wenn man die potentiellen Gefahren des Spurengaseinflusses bewerten will. In dem Maße, wie die Modelle verbessert und die Eingangsparameter präzisiert werden, wird sich der Fehlerbereich der Resultate der Rechnungen verringern. In den letzten Jahren war man darüber hinaus bemüht, den wahrscheinlichen

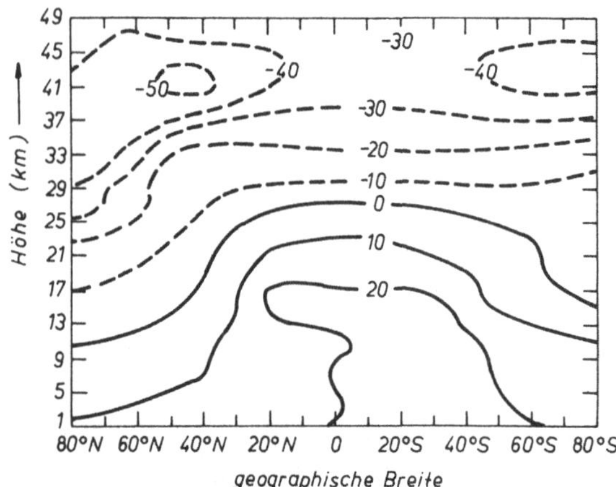

Abb. 46. Berechnete langzeitliche Änderung der Ozonkonzentration in Prozent in Abhängigkeit von der Höhe und der geographischen Breite nach einer zweidimensionalen Modellrechnung von Isaksen und Stordal (1985) für folgendes Szenario
CFC: konstante Emission wie 1980
N_2O: langzeitliche Zunahme der Konzentration um den Faktor 1,4 (1980 beträgt die Konzentration am Erdboden 300 ppb(v))
CH_4: langzeitliche Zunahme der Konzentration um den Faktor 2 (1980 beträgt die Konzentration am Erdboden 1,65 ppm(v))

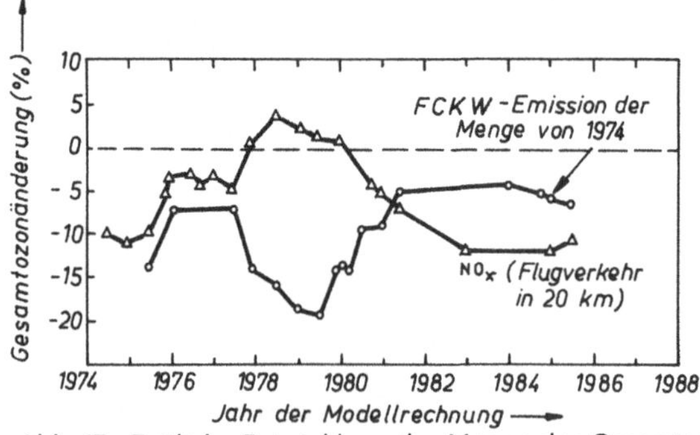

Abb. 47. Zeitliche Entwicklung der Menge des Gesamtozons nach Rechnungen mit einem eindimensionalen Modell
△ Hinzufügung von 2000 Molekülen $NO/(cm^3 \cdot s)$ in einer Höhe von 20 km zur Simulierung der Emission von Überschallflugzeugen;
○ Hinzufügung der Fluorchlorverbindungen F-11 und F-12 in der Emissionsgröße des Jahres 1974.
Die zeitliche Änderung der berechneten Gesamtozonänderung ist bedingt durch die Änderung der verwendeten photochemischen Reaktionsraten, Grenzbedingungen und Turbulenzkoeffizienten

Fehler der Modellrechnungen auszuweisen. Zur Bestimmung
dieses Fehlerbereiches benutzt man die Monte-Carlo-Methode,
bei der die Modellrechnung mehrere hundert- bis mehrere tau-
sendmal mit zufällig geänderten Eingangsparametern (Reaktionsraten u. a.) wiederholt wird. Ergebnis ist dann ein Bereich von
möglichen Ozongehaltsänderungen, in dem die wirkliche Ozongehaltsänderung mit 95 % Wahrscheinlichkeit liegt. Diese Methode läßt sich auch nutzen, um die Notwendigkeit des Ein-
schlusses von bestimmten chemischen Reaktionen in das Modell
zu prüfen.

6.3. Die Messungen

Eine Arbeitsgruppe zur Einschätzung des Kenntnisstandes über
Vergleichsmessungen von Spurengasen in der Stratosphäre berichtete darüber, daß das Wort *„stratosphärisch"* nach Websters
Thesaurus verschiedene Bedeutungen hat. Es sei Synonym für
„übertrieben, verwirrt, ungewöhnlich, ausschweifend, maßlos,
himmelhoch, steil, steif, gewissenlos, unmeßbar". Sie schlußfol-
gerten, daß das Synonym „unmeßbar" wohl am besten auf Spurengasmessungen in der Stratosphäre anwendbar sei. Wenn
auch diese scherzhafte Bemerkung in der Realität nicht ganz so
ernstzunehmen ist, so weist sie doch auf die erheblichen
Schwierigkeiten, auf den großen finanziellen und mitunter per-
sonellen Aufwand hin, der zur Durchführung solcher Messungen erforderlich ist. Abgesehen vom Ozon, für das schon —
wenn auch wenige — Meßreihen vorliegen, sind die Messungen
anderer stratosphärischer Spurengase erst in jüngster Vergangenheit intensiviert worden. Lange Meßreihen liegen praktisch
nicht vor. Als Meßmethoden werden vorrangig die Proben-
nahme durch Container, die mit hochaufsteigenden Ballonen
oder Raketen in die Stratosphäre getragen werden, und die optischen Messungen mit Hilfe satellitengetragener Meßgeräte benutzt.
Vergleichsweise günstig sieht es beim Gesamtozon aus. Die
Ozonmeßreihe von Arosa (Schweiz), die im Jahre 1926 begonnen wurde, läßt sich zur Beurteilung langzeitlicher Änderungen
heranziehen (Abb. 48). Die Gesamtozonwerte nehmen an dieser
Station bis etwa 1940 zu, bleiben bis 1960 hoch und nehmen seit
dieser Zeit ab. Die niedrigsten Ozonwerte wurden 1983 beobachtet; sie werden dem Ausbruch des Vulkans El Chichon im Süden Mexikos (17,33° N, 93,20° W) im April 1982 zugeschrieben,

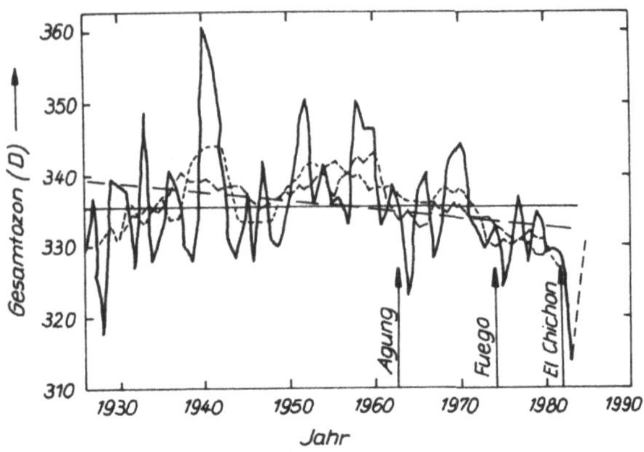

Abb. 48. Jahresmittelwerte der Gesamtozonmessungen von Arosa (Schweiz) (———) und langzeitlicher Trend (— —)
..... 5jährig übergreifende Mittelwerte;
--- 10jährig übergreifende Mittelwerte (nach Dütsch, 1985)

durch den mehr als 20 Mill. t Aerosol und Gase in die Atmosphäre geschleudert wurden. Von dem durch den Vulkan ausgestoßenen Schwefeldioxid SO_2 war bis Dezember 1982 eine Menge von rund 10 Mt als schweflige Säure in der Stratosphäre verblieben. Messungen der Sonnenstrahlung am Erdboden zeigten in Nordamerika und Hawaii eine Abnahme der Globalstrahlung (direkte Sonnenstrahlung und Himmelsstrahlung) um 5 % und eine Abnahme der direkten Sonnenstrahlung um 25 % bei gleichzeitiger Zunahme der diffusen Himmelsstrahlung um den Faktor 3. Durch die erhöhte Aerosolkonzentration in der Stratosphäre wird mehr Sonnenstrahlung absorbiert und mehr in den Weltraum zurückgestreut bzw. auch mehr von unten kommende langwellige Strahlung absorbiert. Dadurch erwärmt sich die untere Stratosphäre, und die Troposphäre kühlt sich ab. Dies könnte zu einer Ozonabnahme in der Stratosphäre geführt haben, weil die photochemischen Prozesse der Ozonbildung und -zerstörung von der Temperatur abhängen. Die langzeitliche Ozonabnahme der Arosaer Reihe von 1927–1987 beträgt 0,4 % pro Dekade[1], wobei die Änderung ab 1970 −2 % pro Dekade erreicht. Andere Vulkaneruptionen wie die des Mt. Agung auf Bali (8,35° S, 115,50° E) im Jahre 1963 oder des Fuego in Guatemala im Oktober 1974 hatten offensichtlich einen geringeren Einfluß

---

[1] Dekade bedeutet hier 10 Jahre.

112

auf den atmosphärischen Ozongehalt. Leider liegen für größere Vulkanausbrüche, die im vorigen Jahrhundert riesige Mengen Aerosol in die Atmosphäre brachten, keine Ozonmessungen vor. So wurde beispielsweise durch den Ausbruch des Krakatau auf den Sunda-Inseln (6° S, 105° E) im Jahre 1883 noch mehr Aerosol in die Atmosphäre geworfen, bei der Eruption des Tambora auf der Insel Sumbawa in Indonesien am 10. und 11. April des Jahres 1815 waren es sogar 200 Mill. t Aerosol, die in die Atmosphäre gebracht wurden und die vermutlich zu einer Temperaturabnahme auf der Nordhalbkugel in der Zeit nach dem Ausbruch des Vulkans um 0,4–0,7 K geführt haben.

Noch ungenügend geklärt ist, in welchem Maße das sog. *ENSO-Phänomen* zu dem Ozonminimum, das 1983 weltweit beobachtet wurde, beigetragen hat. Diese von dem Begriff „El Nino Southern Oscillation" abgeleitete Abkürzung ist eine im Abstand von 4–7 Jahren sich wiederholende Variation der Meeresoberflächentemperatur, die mit großräumigen Änderungen der atmosphärischen Zirkulation verbunden ist und auf diese Weise auch die Ozonverteilung beeinflussen könnte. Solche und andere natürliche Einflüsse — wie die zyklische Variation der Sonnenaktivität mit einer Periode von 11 Jahren — müssen berücksichtigt werden, wenn das Signal einer anthropogenen Änderung des atmosphärischen Ozongehaltes erkannt werden soll. Betrachtet man die Gesamtozonmessungen anderer Stationen, die seit Anfang der 60er Jahre vorliegen, so deutet sich vom Ende der 60er Jahre bis zur Mitte der 80er Jahre eine signifikante Abnahme des Gesamtozongehaltes in mittleren Breiten der Nordhalbkugel im Mittel um −2,5 % an, die in den Wintermonaten −5 % erreicht. Eine g l o b a l e Gesamtozonabnahme um 3 % im Zeitraum 1979–1986 zeigen die Satellitenmessungen. In beiden Fällen ist die Ozongehaltsänderung durch den 11jährigen Sonnenzyklus bereits eliminiert. Die gemessene Ozongehaltsänderung entspricht annähernd der durch Modellrechnungen durch anthropogene Einflüsse vorhergesagten Änderung von 1–2 %. Um die bisher getroffenen Aussagen sicherer zu machen, ist eine langfristige und weltweite Weiterführung der Gesamtozonmessungen mit verbesserten Methoden notwendig.

Modellrechnungen besagen, daß die größte Änderung des stratosphärischen Ozongehaltes in hohen Breiten der Nordhalbkugel der Erde zu erwarten sei. Eine unerwartete, sehr drastische Abnahme des Ozons wird aber gerade auf der Südhalbkugel beobachtet. Im Jahre 1985 veröffentlichten britische Wissenschaftler Meßergebnisse, die an der britischen Antarktisstation Halley

Bay (75°31′ S, 26°44′ W) mit dem dort befindlichen Dobson-Spektrophotometer erhalten worden waren (Abb. 49). Diese Messungen zeigen seit etwa Mitte der 70er Jahre eine Abnahme des Gesamtozons in den Monaten September und Oktober, so daß inzwischen nur noch Ozonwerte von 50 % der vorher erreichten Beträge beobachtet werden. Das Phänomen wurde in der Tagespresse als „Ozonloch" bezeichnet, obwohl es eigentlich kein Loch, sondern ein Gebiet geringerer Ozonwerte ist. Zuerst glaubten die Wissenschaftler, die mit der Auswertung der Dobson-Ozonmessungen befaßt waren, an Meßfehler. Auch die ersten Messungen dieser Station im Oktober 1956 waren angezweifelt worden, weil sie um 150 D geringere Werte zeigten als die auf der Nordhalbkugel in Spitzbergen (78° N) gemessenen Frühjahrsozonwerte. Nachdem die Werte im November 1956 in Halley Bay wieder angestiegen waren, fand man bald heraus, daß die Unterschiede in den Zirkulationsverhältnissen zwischen den hohen Breiten der Nord- und der Südhalbkugel Ursache für

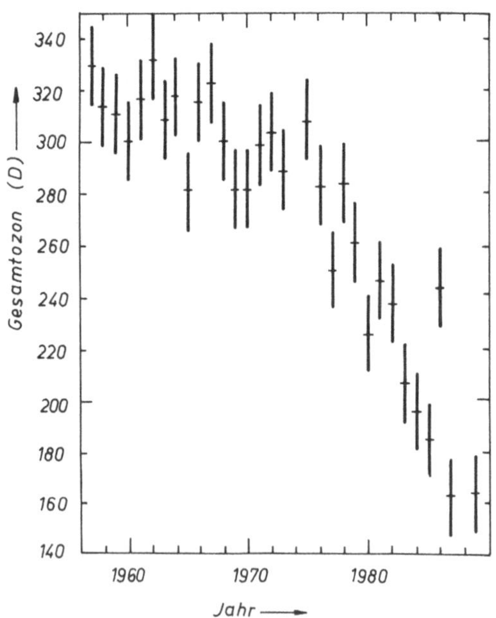

Abb. 49. Gesamtozonmessungen von 1957 bis 1984 der Antarktisstation Halley Bay (75°31′ S, 26°44′ W, 31 m ü. NN) für den Monat Oktober (Mittelwerte und Standardabweichungen) (nach Farman u. a., 1985)

114

die unterschiedlichen Gesamtozonwerte und -variationen gewesen sein müssen.

Auf der V. Sowjetischen Antarktisexpedition 1960/61 wurden von den Pionieren der Antarktisforschung der DDR, G. Skeib, langjähriger Direktor des Meteorologischen Hauptobservatoriums Potsdam, und Ch. Popp, Wissenschaftler an diesem Observatorium, der auf dieser Expedition durch einen tragischen Unfall ums Leben kam, an der Station Mirny (66,5° S, 93,0° E) Gesamtozonmessungen mit dem Potsdamer Dobson-Spektrophotometer Nr. 71 durchgeführt (Abb. 50 und 51). Dabei wurde der typische Jahresgang des Gesamtozons mit dem allerdings damals kurzzeitigen und nicht so ausgeprägten Oktoberminimum und dem plötzlichen kräftigen Anstieg im November bei Einströmen von wärmerer stratosphärischer Luft aus niederen Breiten der Südhalbkugel bestimmt. Wie die neueren bodengehenden Messungen und auch die Satellitenmessungen des Experiments TOMS/SBUV (**T**otal **O**zone **M**apping **S**pectrometer, **So**lar **B**ackscatter **U**ltraviolet) des Satelliten NIMBUS 7 zeigen, hat sich das jahreszeitliche Ozonminimum seit etwa Mitte der 70er Jahre ständig vertieft und gleichzeitig ausgeweitet, so daß Mitte der 80er Jahre im Oktober Ozonwerte beobachtet wurden, die 50 % der vorher normalen Werte betrugen. Der niedrigste aus Satellitenmessungen (TOMS) abgeleitete Wert des Gesamtozons von 109 D wurde über dem Ostantarktischen Hochland am 5. Oktober 1987 festgestellt, das ist nur etwa $\frac{1}{3}$ des globalen mittleren

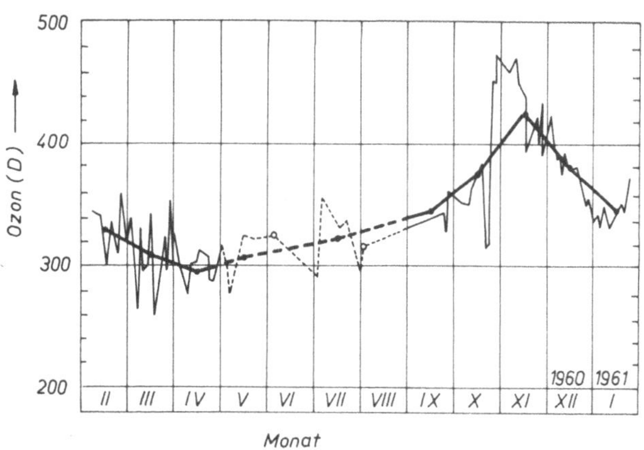

Abb. 50. Gesamtozonmessungen an der Antarktisstation Mirny (66,5° S, 93° E) (————) für 1960/61; ▬▬▬ geglättete Verteilung

Abb. 51. Dr. Günter Skeib (DDR) mit dem Potsdamer Dobson-Spektrophotometer Nr. 71 an der Station Mirny während der V. Sowjetischen
Antarktisexpedition von November 1959 bis April 1961. Auf dem Dobson-Spektrophotometer steht ein Pyrheliometer zur Messung der direkten Sonnenstrahlung

Gesamtozonwertes. Die Abb. 52 zeigt sehr eindrucksvoll anhand
von Satellitenmessungen des Gesamtozongehaltes, wie sich der
Ozongehalt über der Antarktis im Oktober verringert und das
Gebiet geringer Ozonwerte ausgeweitet hat und inzwischen eine
riesige Fläche von mehreren tausend Kilometer Durchmesser
einnimmt. Messungen mit ballongetragenen Ozonsonden zeigten, daß die Ozonabnahme vor allem im Höhenbereich von etwa
12–22 km, also in der unteren Stratosphäre, auftritt (s. Abb. 53).
Die Ursache der Ozonabnahme über der Antarktis ist noch nicht
eindeutig geklärt. Es gibt eine Reihe von Erklärungsversuchen
und Hypothesen, die entweder natürliche Variationen oder anthropogene Einflüsse für das Verschwinden des Ozons verantwortlich machen.
Zu den möglichen natürlichen Ursachen des beobachteten
antarktischen Ozonminimums zählen
– die zyklischen Variationen der Sonnenstrahlung mit Perioden
von 22, 11 und 5,5 Jahren (dabei ist die 11jährige Variation die
am stärksten hervortretende), durch die zu bestimmten Zeiten

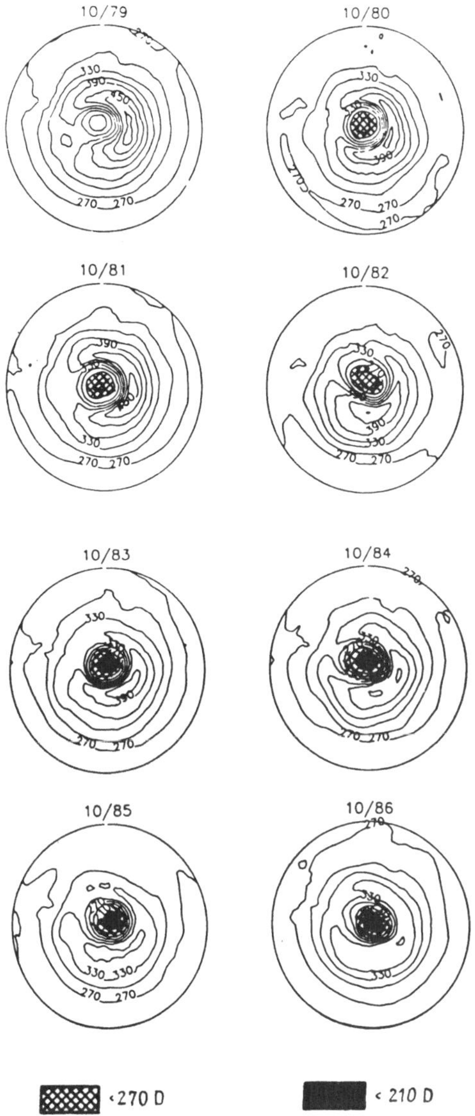

Abb. 52. Verteilung des Gesamtozons im Oktober einzelner Jahre über der Südhalbkugel (Südpol im Zentrum der Darstellung) nach Satellitenmessungen des Experiments TOMS. Deutlich ist die langzeitliche Vertiefung und Ausweitung des Ozonminimums erkennbar (Stolarski, 1988)

117

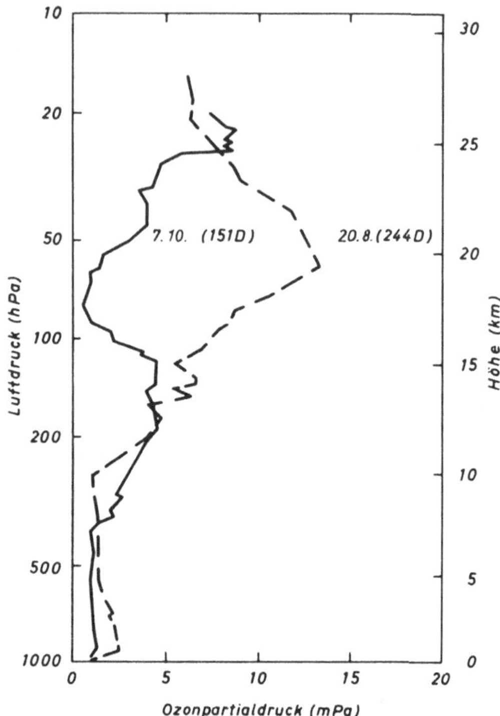

Abb. 53. Vertikale Ozonverteilung über der Antarktis-Station der DDR „Georg Forster" (70°46' S, 11°50' E) am 20. 8. 1987 und am 7. 10.1987. Die zeitweise Ozonreduzierung im Frühjahr ist im Höhenbereich 16–23 km Höhe am stärksten ausgeprägt

mehr Stickoxide (NO_x) in der oberen Atmosphäre oberhalb 50 km gebildet werden, die abwärts transportiert werden und bei Sonnenaufgang im Frühjahr zur katalytischen Ozonzerstörung führen könnten (s. Gl. (9)–(11)),
– die großräumige Umverteilung des Ozons durch geänderte Zirkulationsprozesse und in Verbindung damit eine in den letzten 15 Jahren im Jahresverlauf immer später einsetzende Erwärmung im Frühjahr, durch die ozonreiche Luft aus niederen geographischen Breiten später im Frühjahr in die Südpolarregion einfließen konnte,
– die in diesem Zeitraum verstärkte vulkanische Aktivität, durch die riesige Mengen an Aerosol in die Stratosphäre gebracht wurden, das zu einer Abkühlung der unterhalb der in etwa 22 km lie-

genden Aerosolschicht befindlichen Luftschicht und somit zu
einer später einsetzenden Erwärmung im Frühjahr geführt haben
könnte.

Zu den wahrscheinlichen anthropogenen Ursachen zählt vor
allem die als Folge der zunehmenden Emission von Fluorchlorkohlenwasserstoffen gestiegene Konzentration von Chlorverbindungen in der Atmosphäre. Man geht davon aus, daß diese
Chlorverbindungen vor allem aus industrialisierten Regionen der
Nordhalbkugel stammen könnten, durch Luftströmungen global
verteilt und durch chemische Prozesse in sogenannte Reservoirgase, wie Chlorwasserstoff (HCl) und Chlornitrat ($ClONO_2$) umgewandelt werden. Diese Reservoirgase können in sog. heterogene Reaktionen eintreten; das sind chemische Reaktionen,
die nicht zwischen Gasen ablaufen, sondern bei denen die Reaktionspartner sowohl Gase als auch Tröpfchen und die an der
Oberfläche fester Teilchen adsorbierten chemischen Verbindungen sind. Die dabei ablaufenden heterogenen Reaktionen könnten beispielsweise sein

$$ClONO_2 + HCl \text{ (Teilchen)} \rightarrow Cl_2 + HNO_3 \tag{26}$$
$$ClONO_2 + H_2O \text{ (Eis)} \qquad \rightarrow HOCl + HNO_3. \tag{27}$$

Zwei wesentliche Voraussetzungen müssen erfüllt sein, um in
der unteren Stratosphäre aus den Reservoirgasen Chloratome
freizusetzen, die Ozon abbauen können:

– die Konzentration von Stickoxiden (NO_x) muß gering sein,
weil sich bei hohem NO_2-Gehalt die einmal gebildeten Chlorradikale (ClO) wieder in das unwirksame Reservoirgas $ClONO_2$ zurückbilden würden,

– Sonnenstrahlung muß vorhanden sein, um durch Photolyse
Chloratome, die Ozon nach Gl. (9)–(11) zerstören, abzuspalten

$$Cl_2 + h\nu \quad \rightarrow 2\,Cl \tag{28}$$
$$HOCl + h\nu \rightarrow Cl + OH, \qquad \lambda < 513\,nm \tag{29}$$

Satellitenmessungen der Aerosolverteilung über der Antarktis
zeigen, daß sich regelmäßig im Winter über der Antarktis sog.
Polare Stratosphärische Wolken (PSC) in Höhen zwischen 10
und 25 km bilden, die aus einer Mischung von Salpetersäure
(HNO_3) und H_2O bestehen. Unter den tiefen Temperaturen der
antarktischen Stratosphäre (-80 bis $-90\,°C$) erstarren die Tröpfchen zu Eiskristallen. In diesen stratosphärischen Wolken reichert sich möglicherweise das in den Reaktionen (26) und (27)
gebildete HNO_3 an.

Das gebildete Chlor (Cl) führt über Reaktionswege wie

$$Cl + O_3 \quad \rightarrow ClO + O_2 \tag{30}$$
$$OH + O_3 \quad \rightarrow HO_2 + O_2 \tag{31}$$
$$ClO + HO_2 \quad \rightarrow HOCl + O_2 \tag{32}$$
$$HOCl + h\nu \quad \rightarrow OH + Cl, \qquad \lambda < 513\,nm \tag{33}$$

Summe: $2O_3 \rightarrow 3O_2$

zum Ozonabbau. Messungen im Innern des stabilen winterlichen Polarwirbels zeigten tatsächlich bis zu 100mal höhere Werte der Konzentration von ClO in der Stratosphäre als außerhalb des Polarwirbels. Bromhaltige Verbindungen, wie die Halone, könnten in ähnlicher Weise am Ozonabbau beteiligt sein.
Die anthropogene Hypothese geht davon aus, daß durch fortgesetzte, zeitlich zunehmende Emission halogenierter Kohlenwasserstoffe durch die Tätigkeit des Menschen der Chlorgehalt der Atmosphäre angestiegen ist und unter den besonderen meteorologischen Bedingungen der Antarktis, d.h. eine abgeschlossene, wirbelförmige Zirkulation, geringe Temperaturen, Polarnacht bzw. Sonnenaufgang zum Ende des Winters, sich das jahreszeitliche Ozonminimum in den letzten Jahren immer mehr ausgeprägt hat. Da die chemischen und dynamischen Prozesse, die für dieses Phänomen verantwortlich sein könnten, noch nicht genau bekannt sind, wurde das antarktische Ozonminimum durch Modellberechnungen nicht vorausgesagt. Es muß noch einmal betont werden, daß die dargestellten Prozesse zur Erklärung des Ozonminimums noch Hypothesen sind, die erst durch weiterführende theoretische und experimentelle Untersuchungen entweder zu erhärten oder zu widerlegen sind.
Mit der Entdeckung des antarktischen Ozonminimums tauchte die Frage auf, ob eine ähnliche drastische Ozongehaltsabnahme, wie sie über dem Südpolargebiet auftritt, auch über polaren Gebieten der Nordhalbkugel zu erwarten ist. Wenn tatsächlich die Chlorverbindungen an der Ozonabnahme über dem Südpolargebiet schuld sind, dann müßte sich die Ozonverringerung auch über dem Nordpolargebiet bemerkbar machen. Die Satellitenmessungen zeigen wirklich Gebiete mit sehr geringen Ozonwerten über dem winterlichen Nordpolargebiet, die aber von wesentlich geringerer Ausdehnung als das antarktische Ozonminimum sind und auch nicht so extrem niedrige Beträge erreichen. Die bisher niedrigsten Werte von 165 D wurden am 30. 10. 1985

über Schweden und am 7. 1. 1987 über Island beobachtet. Die Tatsache, daß die über der Antarktis beobachtete starke Abnahme des Ozongehaltes zu Beginn des Frühjahrs in hohen nördlichen Breiten der Erde nicht so ausgeprägt auftritt, kann dadurch erklärt werden, daß wegen der unterschiedlichen Land/Meerverteilung auf Nord- und Südhalbkugel der Erde die Wirbelzirkulation über dem Nordpolargebiet zum Ende des Winters häufiger durch Transport wesentlich wärmerer ozonreicher Luft aus niederen geographischen Breiten (stratosphärische Erwärmungen) gestört wird und die Atmosphäre im Mittel um 20 Kelvin wärmer ist als über der Antarktis. Eine drastische Ozonabnahme über der Nordhalbkugel ist deshalb wenig wahrscheinlich.

Das antarktische Ozonminimum ist sicherlich kein Grund, eine weltweite Katastrophe zu befürchten. Aber dieses Phänomen hat ein Achtungszeichen gesetzt, das darauf aufmerksam macht, daß die seit Mitte der 70er Jahre von den Wissenschaftlern immer wieder vorgebrachten Warnungen vor der Verletzlichkeit des Ozonschildes der Erde ernstgenommen werden sollten. Je besser es uns gelingt, die in der Atmosphäre ablaufenden physikalischen und chemischen Prozesse zu verstehen, um so sicherer werden wir vor künftigen Überraschungen sein. Die weiteren Messungen und theoretischen Untersuchungen werden zeigen müssen, inwieweit tatsächlich die Tätigkeit des Menschen zur Ozonabnahme über der Antarktis beigetragen hat.

Es gab in der Vergangenheit schon den Gedanken, absichtlich ein Loch in der Ozonschicht zu erzeugen. Der Entdecker der photochemischen Ozonbildung, Sydney Chapman, schlug im Jahre 1934 der Königlich Meteorologischen Gesellschaft Großbritanniens vor, ein Loch in die Ozonschicht von 20 Meilen Durchmesser zu reißen, das es ermöglichen sollte, vom Boden aus astronomische Beobachtungen bis einige zehn Nanometer weiter in den kurzwelligen Bereich der ultravioletten Strahlung hinein machen zu können. Dieses Projekt sollte nach Chapmans Vorstellungen mit einem Katalysator als „Ozonzerstörer" erreicht werden, der mit Flugzeugen bzw. Raketen und Ballonen in die Stratosphäre gebracht werden sollte. Chapman räumte allerdings ein, daß die Verteilung des Katalysators große technische Schwierigkeiten und nicht vertretbar hohe Kosten verursachen würde, daß aber das Projekt dennoch nicht undurchführbar sei. Nur vier Jahre später, im Jahre 1938, schuf die Entdeckung der Kernspaltung durch O. Hahn und F. Straßmann die Grundlage dafür, daß die Idee Chapmans unter einem ganz anderen Aspekt zu einer Gefahr für die Biosphäre werden sollte.

Nicht nur der Gesamtozongehalt wird global überwacht. Da auch die Kenntnis der vertikalen Ozonverteilung von Bedeutung

für die Einschätzung langfristiger Änderungen ist, werden an
15–20 Stationen, beginnend am Ende der 60er Jahre, regelmäßig
(1–3mal wöchentlich) ballongetragene Ozonsonden in die Atmosphäre aufgelassen. Die Ballone erreichen bis zum Platzen
eine Höhe von 30–35 km, so daß man die Ozon- und Temperaturverteilung bis in diese Höhe in einzelnen Niveaus verfolgen
kann. Leider ist die räumliche Verteilung der Sondierungsstatio-
nen nicht sehr günstig, um gesicherte Aussagen über die globale Ozonverteilung treffen zu können. Die bisherigen Ergeb-

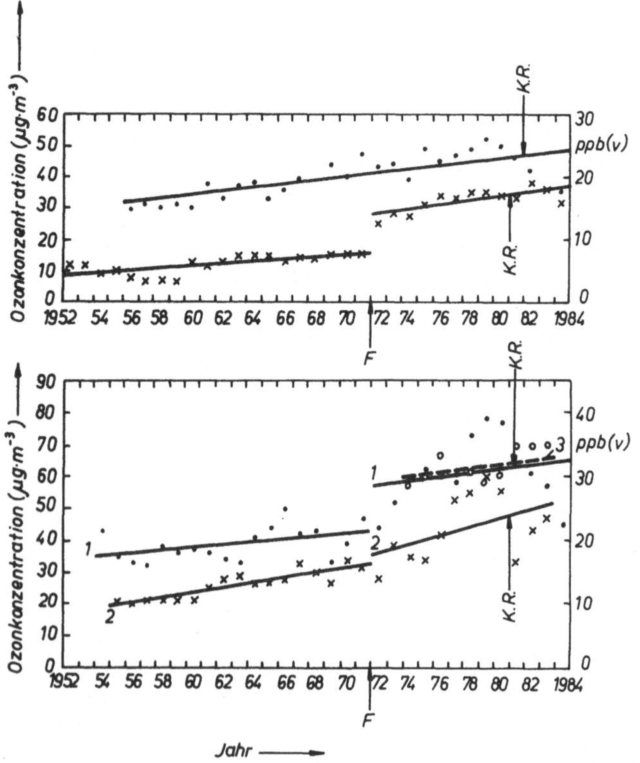

Abb. 54. Zeitliche Änderung der Ozonkonzentration in Erdbodennähe an
einigen Stationen des Meteorologischen Dienstes der DDR (Arkona (●),
Dresden-Radebeul (x), Fichtelberg (1 ●), Kaltennordheim (2 x)) sowie am
Observatorium Hohenpeißenberg (BRD) (3 ○).
F Beginn der Anwendung eines Filters zur Beseitigung des störenden
Einflusses des SO_2 der Luft auf die Messung; K. R. Einführung der konti-
nuierlichen Registrierung der Ozonmeßwerte

nisse der Sonden-Ozonmessungen und der bodengebundenen Umkehrmessungen zeigten eine Ozonabnahme im Höhenbereich von 10–25 km um etwa 0,5 % pro Jahr. In der unteren Atmosphäre, der Troposphäre, ergaben Messungen mehrerer Stationen in Europa und Nordamerika in Übereinstimmung mit den Modellvorhersagen eine Ozonzunahme von 0,5–1,5 % pro Jahr. Die Ozonzunahme ist im Sommer besonders ausgeprägt. Wegen der ungleichmäßigen Stationsverteilung – Satellitenmessungen liefern leider keine Ozonwerte in der Troposphäre – ist die räumliche Ausdehnung der Ozonzunahme in der unteren Atmosphäre nicht genau bekannt. In Lindenberg im Kreis Beeskow (Bezirk Frankfurt/Oder), wo seit 1975 Ozonsondierungen durchgeführt werden, zeigte sich bis etwa 1980 ebenfalls eine Zunahme der Ozonkonzentration in der Troposphäre; seitdem bleiben die Ozonwerte annähernd konstant.

Lange Meßreihen der Ozonkonzentration in Erdbodennähe sind ebenfalls rar. Von W. Warmbt wurde im Jahre 1952 am Meteorologischen Observatorium in Radebeul bei Dresden mit regelmäßigen Messungen des bodennahen Ozons begonnen. In der Mitte der 50er Jahre wurden weitere Meßreihen an Stationen des Meteorologischen Dienstes der DDR aufgenommen, so auf dem Fichtelberg (1 213 m Höhe), auf dem Brocken (1 142 m) und in Kaltennordheim (487 m) in Thüringen im Jahre 1954 sowie an der Nordspitze der Insel Rügen, in Arkona, im Jahre 1956. Als Meßprinzip diente die in Abschn. 1.4. erwähnte naß-chemische Methode. Die Messungen zeigen eine langzeitliche Zunahme der Ozonkonzentration von 1–3 % pro Jahr, d. h. insgesamt eine Zunahme von der Mitte der 50er Jahre bis zum Beginn der 80er Jahre um rund 60 % (Abb. 54). Da die Ozonzunahme im Sommer größer als im Winter ist, hat auch die jahreszeitliche Ozonvariation mit dem Sommermaximum und dem Winterminimum zugenommen. Zunehmende Werte der Ozonkonzentration in Bodennähe zeigen sich auch an anderen Stationen in Europa. Dieses Phänomen läßt sich durch die photochemischen Prozesse der Ozonbildung in der Troposphäre erklären (Abschn. 4.3.). In sehr großer Entfernung von den Quellen der Stickoxide und Kohlenwasserstoffe wie auf der Südhalbkugel reicht deren Konzentration zur bedeutsamen photochemischen Ozonbildung nicht aus. In unmittelbarer Nähe der Quellen von Stickoxid wie in Städten, Industriegebieten und an stark befahrenen Straßen überwiegt hingegen die direkte Ozonzerstörung nach Gl. (13). Das Maximum der photochemischen Ozonbildung liegt deshalb meist mehrere zehn bis einige hundert Kilometer von den Quellen der

Ozonvorläufer entfernt. Es sei noch erwähnt, daß die Ozonkonzentration in Bodennähe an Stationen des Meteorologischen Dienstes der DDR seit Beginn der 80er Jahre nicht mehr zunimmt. Ursache dafür könnten sowohl die geänderten Konzentrationen der Ozonvorläufer als auch meteorologische Prozesse sein.

Im Unterschied zu den Messungen in der freien Atmosphäre hat die Überwachung der Konzentration von Spurengasen in Erdbodennähe, dem Lebensraum des Menschen, eine zusätzliche Bedeutung, weil es hier um die Überwachung der Einhaltung von festgelegten Grenzwerten der Konzentration geht, den MIK-Werten. Möglicherweise werden künftig darüber hinaus auch *ökologisch begründete Grenzwerte* für die Konzentration einzelner Spurengase oder für Gruppen von Spurengasen formuliert werden müssen, deren Einhaltung den sicheren Schutz von Ökosystemen gewährleistet. Um solche Grenzwerte festlegen zu können, muß man noch eine Reihe von Fragen im Bereich der Ursache-/Wirkungsbeziehungen beantworten.

6.4. Konsequenzen der Änderung des Ozongehaltes

Der Erfinder der Umkehrmethode Paul Götz hatte schon in den 30er Jahren das atmosphärische Ozon mit *Scylla* und *Charybdis* verglichen, den beiden Meeresungeheuern, die nach der griechischen Sage an der Meerenge von Messina Odysseus bedrohten. Die sprichwörtlich für zwei gleich große Übel zitierten Gestalten gebrauchte Götz in einem Vergleich, um darauf hinzuweisen, daß ohne das Ozon die schädliche ultraviolette Sonnenstrahlung den Erdboden erreichen würde, daß aber bei starker Zunahme des Ozongehaltes auch die für die Biosphäre günstigen Wirkungen der UV-Strahlung wegfielen. Zusätzlich zu diesen von Götz erwähnten Funktionen des Ozons muß seine Klimawirksamkeit und sein direkter Einfluß auf die Biosphäre berücksichtigt werden. Eine Störung des natürlichen Gleichgewichts zwischen Ozonbildung und -zerstörung, das sich im Verlauf der Erdgeschichte herausgebildet hat, kann zu ernsthaften Gefahren für die Biosphäre werden. Nun könnte man argumentieren, daß die erwarteten anthropogenen Änderungen des Ozongehaltes, verglichen mit den Variationen von Tag zu Tag, die beim Gesamtozon bis zu 30 % betragen können, oder im Jahresverlauf (20—30 % beim Gesamtozon) oder von Jahr zu Jahr (3—5 %) ja viel größer oder zumindest von gleicher Größe sind,

124

nicht ins Gewicht fallen. Diesem Argument ist folgendes entgegenzuhalten. Erstens erreichen die Konzentrationsänderungen des Ozons über längere Zeiträume, wie es z. B. beim bodennahen Ozon der Fall ist, doch eine beträchtliche Größe und können bei nichtlinearen Änderungen auch in kürzerer Zeit sehr groß werden. Zweitens reichen bei metastabilen Zuständen des Klimas oder von empfindlichen Ökosystemen oft kleine systematische Änderungen aus, um den Übergang in einen neuen qualitativen Zustand auszulösen. Folgendes Beispiel mag das illustrieren. Die Lufttemperatur in Zentralsibirien ändert sich im Jahresverlauf von −60 °C im Winter bis +30 °C im Sommer, ohne daß das Klima − der mittlere Zustand über einen längeren Zeitraum − beeinflußt wird. Wenn aber die mittlere Temperatur langzeitlich nur um wenige Kelvin zunehmen würde, könnte dies bereits zum Abschmelzen von Gletschern oder Teilen des riesigen antarktischen Eispanzers führen. Es ist deshalb Aufgabe der Wissenschaft, die möglichen Folgen kleiner Änderungen im voraus zu erkennen und durch Vorschlag geeigneter Maßnahmen die Voraussetzungen für ihre Verhinderung zu schaffen.
Die Änderungen der Erwärmungsraten der Atmosphäre bei Halbierung und Verdopplung des Ozongehaltes sind in Abb. 55 dargestellt. In 50 km Höhe nimmt die Erwärmungsrate von 9 K pro Tag auf 5,5 K pro Tag ab bzw. auf 14 K pro Tag zu. Die Abb. 56 zeigt als Ergebnis einer Modellrechnung mit einem dreidimensionalen Modell, welche Temperaturänderung sich global aus einer Halbierung des atmosphärischen Ozongehaltes ergäbe.

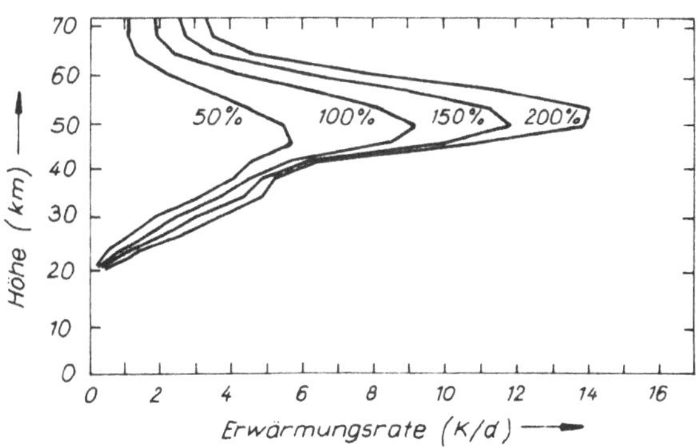

Abb. 55. Änderung der Erwärmungsraten der Luft durch Ozonabsorption bei Änderung des Ozongehaltes auf 50 %, 150 % und 200 % des Normalwertes (nach Edwards, 1982)

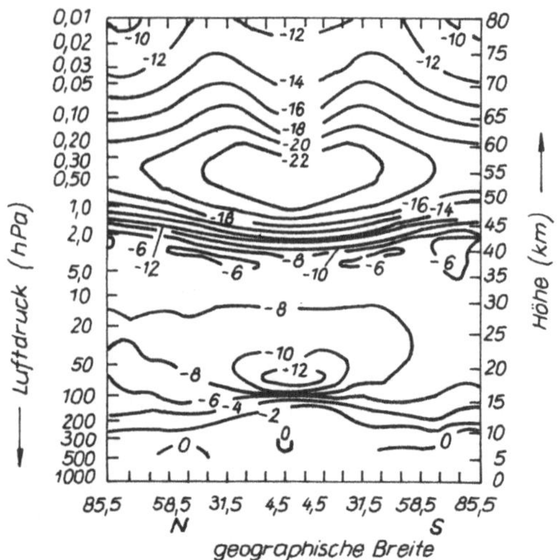

Abb. 56. Temperaturänderung der Atmosphäre in Abhängigkeit von der Höhe bei Abnahme des Ozongehaltes um 50 % nach Simulation mit einem Modell der allgemeinen Zirkulation der Atmosphäre (Fels u. a., 1980)

Demnach liegt die maximale Abkühlung von 22 K oberhalb der Stratopause zwischen 50 und 60 km Höhe symmetrisch zum Äquator. Ein zweites schwächeres Maximum befindet sich in der unteren Stratosphäre bei etwa 18–20 km. Die Temperaturabnahme in Erdbodennähe ist allerdings gering. Wenn gleichzeitig mit der Ozonabnahme in der Stratosphäre der Ozongehalt in der Troposphäre ansteigt, so ergibt sich infolge der Absorption der langwelligen Strahlung durch das Ozon eine Erwärmung der unteren Atmosphäre.

Wenn man die künftige Temperaturentwicklung einschätzen will, muß man nicht nur die Änderung der Ozonkonzentration berücksichtigen, sondern auch die zunehmenden Konzentrationen der übrigen Spurengase und des Kohlendioxids. In Abb. 57 ist die Temperaturänderung dargestellt, die mit einem Strahlungstransportmodell für ein vorgegebenes Szenario der Zunahme der Konzentration von Spurengasen und von CO_2 und der daraus resultierenden Ozonzunahme in der Troposphäre berechnet wurde. Allein auf Grund der CO_2-Gehaltszunahme ist mit einer Temperaturzunahme bis zum Jahre 2030 um etwa 1 K zu rechnen. Diese Temperaturänderung wird durch die Klimawirkung der Spurengase mehr als verdoppelt. Andere Modell-

126

rechnungen zeigen, daß allein die Verdopplung des troposphärischen Ozongehaltes eine Temperaturerhöhung in Erdbodennähe um 0,9 K zur Folge hätte, obwohl in der Troposphäre nur
rund 5 %, in mittleren Breiten rund 10 % des Gesamtozons konzentriert sind.

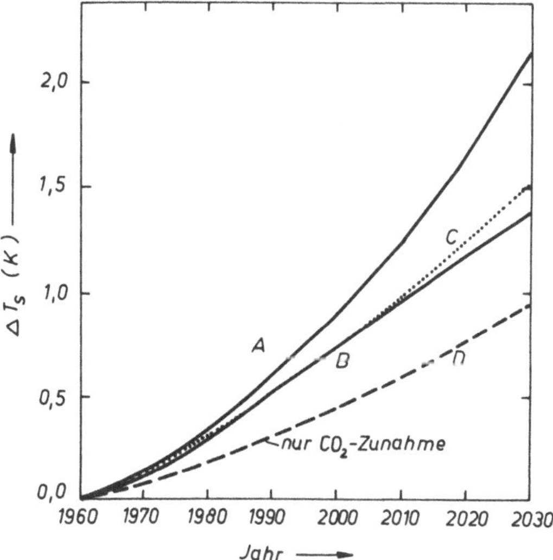

Abb. 57. Erwartete Temperaturänderung ΔT_s am Erdboden, berechnet
mit einem Strahlungsmodell für verschiedene Szenarien der Änderung
der Spurengaskonzentration bzw. -emission:
A CO_2: Zunahme der Konzentration um 1,5 % pro Jahr
CFC: Zunahme der Emission um 3 % pro Jahr
CH_4: Zunahme der Konzentration um 1,5 % pro Jahr
N_2O: Zunahme der Konzentration um etwa 0,2 % pro Jahr im Jahre 1980
auf 0,9 % pro Jahr im Jahre 2030
B gegenüber A reduzierte Wachstumsraten der Konzentration bzw.
Emission der Spurengase
C CO_2-Zunahme um 2 % pro Jahr, reduzierte Wachstumsraten für Spu-
rengase
D nur CO_2-Zunahme, keine Zunahme der Spurengaskonzentration

Welche regionalen Unterschiede eine globale Klimaänderung
hätte, kann noch nicht mit Sicherheit angegeben werden. Einig-
keit besteht unter den Experten zumindest darüber, daß die
Temperaturzunahme in hohen geographischen Breiten am größten sein dürfte. Die spektakulärste aller möglichen befürchteten
Wirkungen einer weltweiten Temperaturzunahme ist das Auf-

schwimmen des auf dem Festlandsockel unterhalb des Meeresspiegels aufsitzenden Eisschildes der Westantarktis, der 10 % des gesamten antarktischen Eisvolumens enthält. Dadurch würde der Meeresspiegel auf der ganzen Erde um 5–7 m ansteigen, so daß weite Küstenbereiche überflutet werden würden. Aber selbst wenn dieser Fall nicht eintritt – und diese Gefahr ist für die nächsten Dekaden nicht gegeben –, kann eine Erwärmung um 1,5–4,5 K zu einer globalen Erhöhung des Meeresspiegels durch das Abschmelzen polarer Eismassen um 20–140 cm führen. Abgesehen von dem katastrophalen Anstieg des Meeresspiegels, ist eine globale Erwärmung durchaus nicht immer günstig für die landwirtschaftliche Produktion und damit für die Ernährung der Weltbevölkerung. In mittleren Breiten mag eine Temperaturerhöhung bei gleichzeitiger Erhöhung der CO_2-Konzentration der Luft, die für die Photosynthese günstig ist, dem Wachstum zahlreicher Arten von Kulturpflanzen förderlich sein. Gleichzeitig erhöht sich dabei aber auch der Wasserbedarf der Pflanzen. Wenn die Temperaturzunahme zusätzlich noch mit einer Abnahme der Niederschlagsmenge gekoppelt ist, würden sich insbesondere für die Länder in den subtropischen Trockengebieten der Erde, wo ohnehin die künstliche Bewässerung landwirtschaftlicher Kulturen und die Trinkwasserversorgung problematisch sind, erhebliche Schwierigkeiten für die Versorgung der Bevölkerung mit Nahrungsmitteln ergeben.
Wenn der Gesamtozongehalt abnimmt, d. h. die „Ozonbrille" durchlässiger wird, erreicht mehr biologisch wirksame UV-Strahlung der Sonne den Erdboden. Die Tab. 12 zeigt die mit einem Strahlungsmodell berechnete Zunahme der biologisch wirksamen ultravioletten Strahlung bei Halbierung des Gesamtozongehaltes von 320 D auf 160 D für drei verschiedene Sonnenhöhen. Bis auf die direkte Pigmentierung der Haut, die praktisch unabhängig vom Gesamtozongehalt ist, ergibt sich eine Zunahme der biologisch wirksamen UV-Strahlung je nach Wirkung und Sonnenhöhe um den Faktor 2–7. Dadurch würden die Schwellwerte zur Auslösung der Wirkungen schon bei geringeren Bestrahlungszeiten erreicht werden.
Wie sich in den verschiedenen Breitenzonen der Erde in Abhängigkeit von der Jahreszeit die für einige biologische Wirkungen effektive UV-Strahlung auf die Horizontalfläche ändert, wenn der Gesamtozongehalt um 10 % abnimmt, zeigen die Abbn. 58 und 59. Die prozentuale Zunahme (Abb. 58) beträgt für die erythemwirksame und karzinogene Strahlung fast unabhängig von der geographischen Breite und Jahreszeit 18–20 %. Bei der die

Tabelle 12. Zunahme der biologisch wirksamen UV-Strahlung auf die Horizontalfläche bei Verringerung des Gesamtozongehalts von 320 D auf 160 D, berechnet mit einem Strahlungsmodell für wolkenlose Bedingungen und mittlere Aerosolkonzentration (h: Sonnenhöhe)

Wirkung	Faktor der Zunahme der Strahlung bei Reduzierung des Gesamtozons von 320 D auf 160 D		
	$h = 90°$	$h = 60°$	$h = 30°$
Erythembildung	2,7	2,8	3,0
Karzinogenese	2,4	2,4	2,5
Pigmentierung	1,0	1,0	1,0
Bakterizide Wirkung	4,6	4,7	5,2
Konjunktivitis (Bindehautentzündung)	5,1	5,4	7,0
Keratitis (Hornhautentzündung)	1,7	1,8	2,0
Pflanzenschädigung	2,6	2,7	3,5
UVB ($\lambda < 315$ nm)	1,6	1,8	2,0

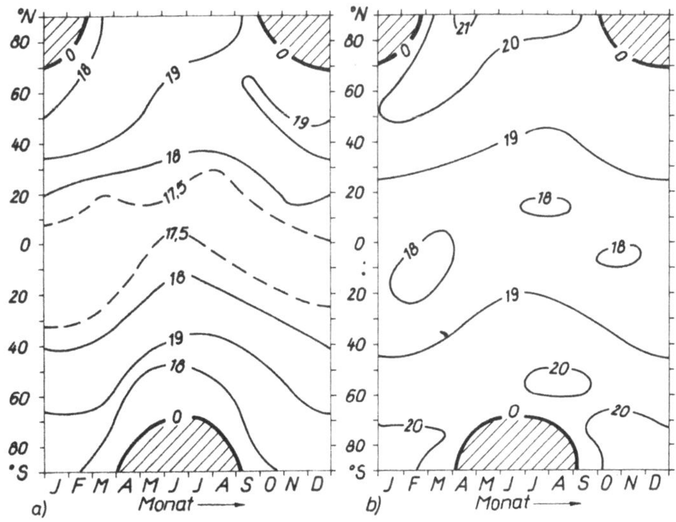

Abb. 58. Prozentuale Zunahme
a) der erythemwirksamen UV-Globalstrahlung;
b) der photokarzinogenen UV-Globalstrahlung;

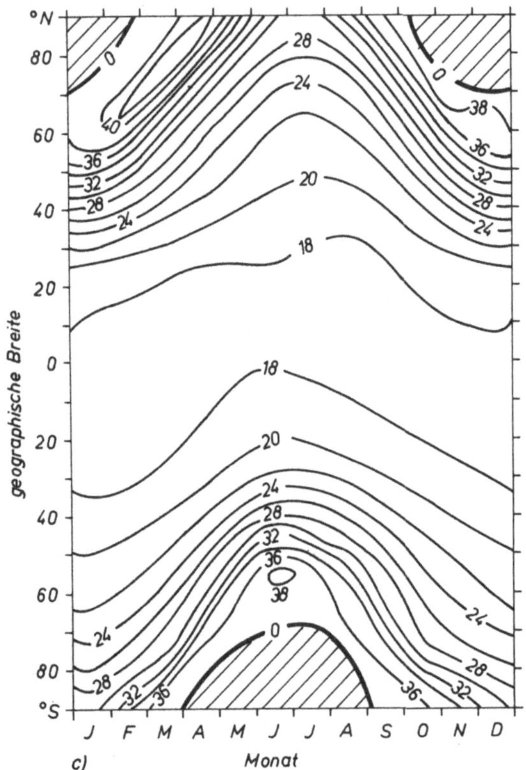

c) der pflanzenschädigenden UV-Globalstrahlung
am Erdboden auf die Horizontalfläche bei Abnahme des Gesamtozongehaltes der Atmosphäre um 10 % in Abhängigkeit von der geographischen
Breite (Modellrechnung)

Pflanzen schädigenden Strahlung ist die prozentuale Zunahme
mit 25–30 % in hohen Breiten etwas größer als in tropischen Gebieten (18–20 %). Betrachtet man nicht die relative Zunahme
der UV-Strahlung bei Ozongehaltsabnahme, sondern die Zunahme der *Absolutwerte* der UV-Strahlung bei Ozonabnahme
(Abb. 59), so erkennt man in niederen Breiten eine 5–10fach größere Erhöhung der Jahressumme der Strahlung im Vergleich zu
der in hohen Breiten erwarteten Änderung. Das bedeutet, daß
der meridionale Gradient der Jahressumme der UV-Strahlung
bei Abnahme des Ozongehaltes um 10 % größer werden würde.
Ob sich das Schadensmaß ebenfalls in der Größe der angegebe-

130

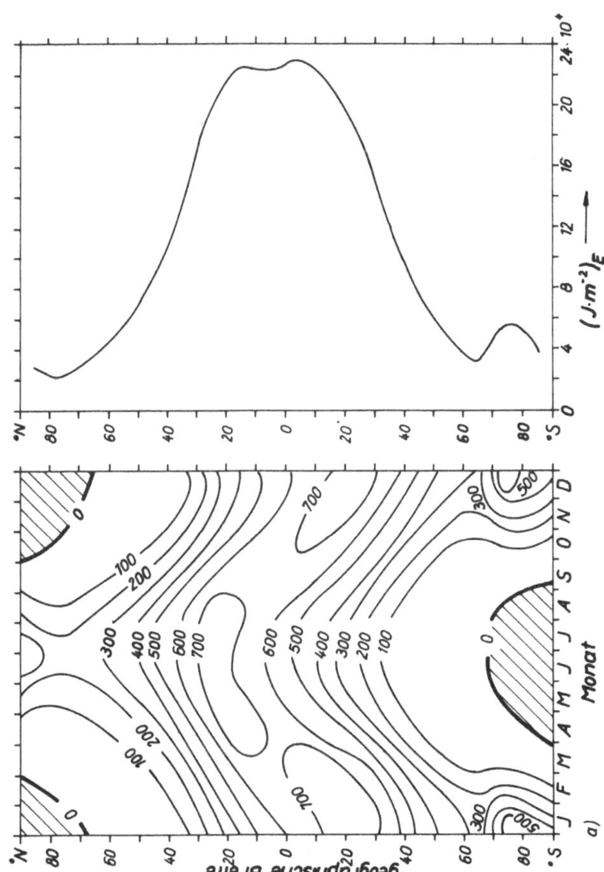

Abb. 59a. Zunahme der mittleren monatlichen Tagessumme (links) und der Jahressumme (rechts) der erythemwirksamen UV-Globalstrahlung auf die Horizontalfläche bei Abnahme des für die geographische Breite und Jahreszeit mittleren Gesamtozongehaltes der Atmosphäre um 10 % (Modellrechnung)

131

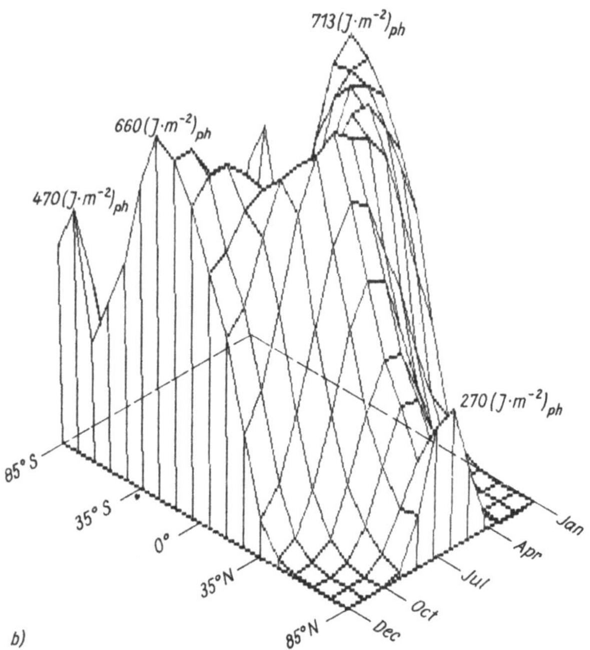

Abb. 59b. Zunahme der mittleren monatlichen Tagessumme der photokarzinogenen UV-Globalstrahlung auf die Horizontalfläche in Abhängigkeit von geographischer Breite und Jahreszeit bei Abnahme des Gesamtozongehaltes um 10 % (Modellrechnung)

nen Effektivstrahlungs-Zunahme vergrößert, ist allerdings nicht
sicher. Einerseits sind viele Organismen in der Lage, in Streßsi-
tuationen Schutz- oder Reparaturmechanismen auszubilden, die
die ursprüngliche Wirkung abschwächen. Andererseits können
andere Einflüsse — bei Pflanzen beispielsweise Wasser- und
Nährstoffmangel oder eine hohe Konzentration von Luftverunreinigungen — in synergistischer Weise, d. h. nicht additiv, sondern
sich gegenseitig verstärkend, die schädliche Wirkung erhöhen.
In den betreffenden Fachbereichen der Medizin und Botanik befaßt man sich intensiv mit der Untersuchung der Wirkungsme-
chanismen der UV-Strahlung auf den menschlichen Organismus
und auf Pflanzen, um Wirkungsspektren, Strahlungsschwell-
werte für die Auslösung von Effekten, Langzeitwirkungen und
den Einfluß weiterer Faktoren auf die Strahlungswirkung zu bestimmen. Zuverlässige Daten über die Ursache-/Wirkungs-Be-

ziehungen werden für die Modellierung der Schadwirkung einer
UV-Strahlungszunahme, beispielsweise der Verluste in der landwirtschaftlichen Produktion, dringend benötigt. Schließlich sind
solche Daten auch nützlich, um Schutzmaßnahmen treffen und
im Falle der Pflanzen widerstandsfähige Sorten züchten zu können. Zum Schutz vor Hautverbrennungen oder zur Verringerung des Hautkrebsrisikos kann jeder einzelne beitragen. Grund-
sätzlich sollten hohe Bestrahlungsdosen durch das Tragen
zweckmäßiger Bekleidung im Sommer, durch die Anwendung
von Lichtschutzsalben, die einen Teil der UV-Strahlung absorbieren, und durch die vernünftige Anwendung künstlicher Strahlungsquellen vermieden werden. Beim winterlichen Hochge-
birgsaufenthalt sollten die Augen mit einer geeigneten Brille
geschützt werden.

7. Weltweite Überwachung des Ozongehaltes der Atmosphäre

7.1. Das globale Ozonbeobachtungssystem

Angesichts der Bedeutung des atmosphärischen Ozons und der
möglichen Gefahren, die für die Menschheit bei unbeabsichtig-
ter Beeinflussung des natürlichen Ozonhaushaltes entstehen
könnten, haben sich verschiedene internationale Organisationen
frühzeitig mit dem atmosphärischen Ozon befaßt. Als erste Organisation reagierte die *Internationale Assoziation für Meteorologie und Physik der Atmosphäre (IAMAP)*, eine Spezialorganisation der *Internationalen Union für Geodäsie und Geophysik
(IUGG)*. Im Jahre 1948 wurde in der IAMAP die *Internationale
Ozonkommission* – zunächst als Unterkommission der Internationalen Strahlungskommission, später als eigenständige Kom-
mission tätig – gegründet. Ihr erster Präsident, G. M. B. Dobson,
setzte in dieser Zeit seine Bemühungen um die Schaffung eines
internationalen Ozonmeßnetzes fort. In der Vorbereitungsphase
des Internationalen Geophysikalischen Jahres (IGY), das 1957/58
stattfand, wurde in Oxford der Mitarbeiter Dobsons C. D. Wal-
shaw als „Reisender Physiker" zur Begutachtung der Dobson-
Spektrophotometer an den Stationen eingesetzt. Diese Maßnahme sollte sichern, daß die Messungen verschiedener

Stationen wirklich vergleichbar sind. In dieser Zeit nahmen weitere Stationen, so auch das Meteorologische Hauptobservatorium in Potsdam, regelmäßige Ozonmessungen auf; andere Stationen begannen mit Ozonmessungen mit neuen von der Firma Beck erworbenen Geräten oder anderen Gerätetypen. Im Auftrag der Meteorologischen Weltorganisation (WMO), einer im

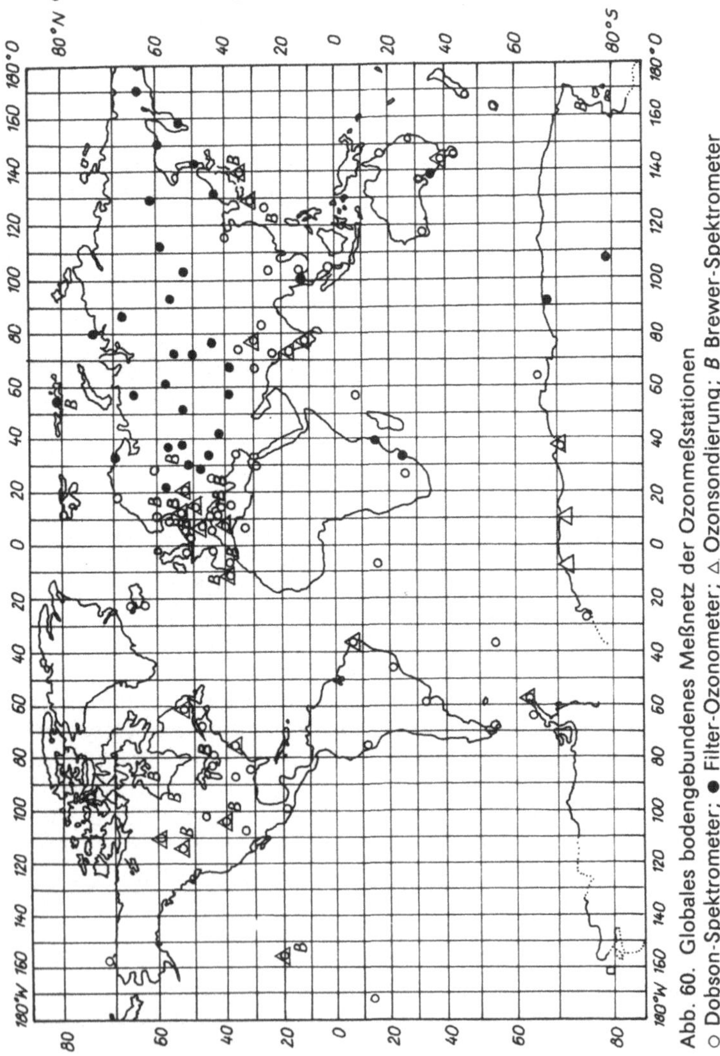

Abb. 60. Globales bodengebundenes Meßnetz der Ozonmeßstationen
○ Dobson-Spektrometer; ● Filter-Ozonometer; △ Ozonsondierung; B Brewer-Spektrometer

Jahre 1951 als Spezialorganisation der UNO gegründeten Verei-
nigung, die aus der schon 1873 gegründeten Internationalen Meteorologischen Organisation (IMO) hervorging, begann der ka-
nadische Meteorologische Dienst nach dem Ende des IGY, die
weltweit durchgeführten Ozonmessungen zu sammeln und zu
veröffentlichen. In den regelmäßig in Toronto herausgegebenen
„Red Books" (wegen ihres roten Einbandes) wurden später neben den Gesamtozonmessungen und Umkehrmessungen auch
die Ergebnisse der vertikalen Ozonsondierungen und die bodengebundenen Ozonmessungen veröffentlicht. Die Abb. 60 zeigt
das globale Ozonmeßnetz von 1986. Die meisten Stationen existieren in hochentwickelten Ländern Europas und in Nordamerika. Obwohl auf Empfehlung der Internationalen Ozonkommis-

Abb. 61. Strahlungs- und Ozonstation Ravensberge (52°22' N, 13°5' E,
89 m ü. NN) des Meteorologischen Hauptobservatoriums Potsdam. An
dieser 2 km in südlicher Richtung vom Observatorium im Wald gelege-
nen Station werden seit 1984 verschiedene Komponenten der Sonnenstrahlung und der Ozongehalt der Atmosphäre gemessen. In der Beob-
achtungshütte mit dem drehbaren Kuppeldach (links) steht das
Dobson-Spektrophotometer zur Messung des Gesamtozongehaltes. Das
Brewer-Spektrometer sowie die Meßgeräte zur Überwachung der UV-
Globalstrahlung befinden sich auf der Turmplattform in 18 m Höhe, um
die Horizontfreiheit für die Globalstrahlungsmessungen zu gewährlei-
sten.

sion und mit Unterstützung der WMO einige alte Dobson-Spektrophotometer modernisiert und wieder eingesetzt wurden und neue Stationen insbesondere in tropischen Gebieten eingerichtet wurden, ist die räumliche Verteilung noch nicht optimal.

Die Abb. 61 zeigt die Strahlungs- und Ozonstation Ravensberge in Potsdam, an der täglich Messungen des atmosphärischen Gesamtozongehaltes durchgeführt werden. Insgesamt sind allein rund 30 der weltweit etwa 70 genutzten Dobson-Spektrophotometer an Stationen in Europa eingesetzt.

Ein weiteres Problem bei der globalen Überwachung des atmosphärischen Ozongehaltes ist die Vergleichbarkeit der Ozonmessungen verschiedener Stationen. Um diese Vergleichbarkeit ständig aufrechtzuerhalten, wurden von der WMO verschiedene Maßnahmen ergriffen. Zunächst wurde ein Dobson-Spektrophotometer – Nr. 83 in Boulder (USA) – als Weltstandardgerät nominiert. Dieses Gerät wird einmal im Jahr nach Hawaii gebracht und in 3 380 m Höhe auf dem Berg Mauna Loa, wo die Luft sehr rein ist, absolut geeicht. Für die verschiedenen Regionen der Erde wurden von der WMO Dobson-Spektrophotometer benannt, die als Regionalstandardgeräte dienen (Tab. 13). Diese Ge-

Tabelle 13. Regionalstandardgeräte der einzelnen Regionen der WMO

Region	Nr.	Dobson-Spektrophotometer Nr.	Land	Station
Afrika	I	96	Ägypten	Kairo
Asien	II	112	Indien	New Delhi
Südamerika	III	–	–	–
Nord- und Mittelamerika	IV	77	Kanada	Toronto
Australien, Japan		116	Japan	
Pazifik, Indik	V	105	Australien	Aspendale
Europa	VI	41	Großbritannien	Bracknell
		64	DDR	Potsdam
		108 (nur UdSSR)	UdSSR	Leningrad

Das in der DDR befindliche Dobson-Spektrophotometer Nr. 64 dient als Regionalstandard am Meteorologischen Hauptobservatorium Potsdam des Meteorologischen Dienstes der DDR, das durch die WMO mit der Wahrnehmung der Funktion eines Regionalen Ozonzentrums für die Region VI betraut wurde.

räte sollen im Abstand von 3–4 Jahren mit dem Weltstandardgerät verglichen werden; sie dienen anschließend als Standard für die Eichung der einzelnen nationalen Standardgeräte in den jeweiligen Regionen. Noch häufigere Vergleiche würden einen zu hohen finanziellen Aufwand erfordern und ein größeres Risiko für die empfindlichen optischen Teile der Geräte während des Transports bedeuten. Für die Überwachung der Eichkonstanz der Geräte zwischen den Vergleichsmessungen werden an den Stationen geeichte Standardlampen verwendet, die zu den einzelnen Geräten gehören, bzw. auch solche, die von Station zu Station weitergereicht werden. Diese monatlich durchgeführten Testmessungen mit Standardlampen erlauben schon eine Korrektur möglicher Drifts des Eichniveaus.

Ein neues Zeitalter für die Überwachung der Eichkonstanz der am Erdboden aufgestellten Ozonmeßgeräte und für die Ergänzung der Datenlücken über den Ozeanen brach mit der Anwendung der von Satelliten getragenen Meßgeräte an. Der Vergleich des global aus Satellitenmessungen gemittelten Ozonwertes mit dem aus bodengebundenen Messungen gemittelten Wert zeigte, daß tatsächlich durch die ungleichmäßige Verteilung der Ozonmeßstationen Fehleinschätzungen des globalen Mittelwertes möglich sind. In Tab. 14 sind einige Satellitenmissionen angegeben, die langzeitlich Messungen des Gesamtozons und der vertikalen Ozonverteilung geliefert haben oder noch liefern sollen: die Experimente BUV oder SBUV/TOMS, bei

Tabelle 14. Satellitenmessungen zur globalen Überwachung des atmosphärischen Ozons

Experiment	Satellit	Zeitraum
BUV	NIMBUS 4	1970–1977
SBUV	NIMBUS 7	1978–1987
TOMS	NIMBUS 7	1978–
TOVS	TIROS N	1979–1981
TOVS	NOAA 6	1979–1983
TOVS	NOAA 7	1981–1985
TOVS	NOAA 8	1983–1984
SBUV2	NOAA 9	1985–
	NOAA 9	1985

TIROS	Television Infrared Observation Satellite
BUV	Backscatter Ultra Violet
SBUV	Solar Backscatter Ultra Violet
TOMS	Total Ozone Mapping Spectrometer
TOVS	TIROS Operational Vertical Sounder

denen die von Erde und Atmosphäre im Ultraviolettbereich (255–340 nm) rückgestreute Strahlung gemessen wird, und das Experiment TOVS, bei dem die von Erde und Atmosphäre im Infrarotbereich ausgehende Strahlung (9,6 µm) erfaßt wird. Während beim TOVS-Experiment nur der Gesamtozongehalt, allerdings auf der Tag- und Nachtseite der Erde, gemessen werden kann (60° N–60° S), liefert das SBUV/TOMS-Experiment auf der von der Sonne beleuchteten Seite der Erde sowohl den Gesamtozongehalt als auch die vertikale Ozonverteilung im Höhenbereich von etwa 25–60 km mit einer vertikalen Auflösung von 8–10 km. Noch immer existieren Unsicherheiten in den zur Berechnung des Ozongehaltes benutzten Absorptionskoeffizienten des Ozons in der Hartley- und Huggins-Bande, so daß die SBUV-Gesamtozonwerte systematisch um 5–6 % geringer sind als die bodengebundenen Dobson-Ozonmessungen, bei denen andere Wellenlängenintervalle zur Messung verwendet werden. Diese

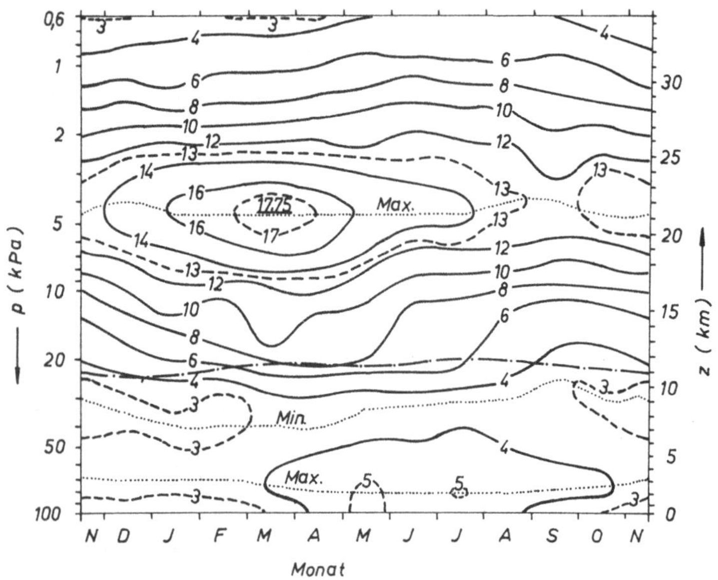

Abb. 62. Mittlerer Jahresgang der vertikalen Ozonverteilung über Lindenberg in Abhängigkeit von der Höhe z bzw. vom Luftdruck p nach Messungen im Zeitraum 1975–1982. Die dargestellten Isoplethen sind Linien gleichen Ozonpartialdrucks in nbar (1 nbar = 0,1 mPa)
… Ozonmaximum in 21 km Höhe und sekundäres Maximum in 2–3 km Höhe; … Ozonminimum in 8–10 km Höhe; Tropopause

Differenz wird in naher Zukunft durch die Neubestimmung der Absorptionskoeffizienten beseitigt werden. Da die Infrarotmessungen des TOVS-Experiments an das bodengebundene Meßnetz angepaßt wurden, ist die Differenz zwischen beiden Satellitenexperimenten (SBUV/TOMS und TOVS) etwa ebensogroß wie zwischen Boden- und Satellitennetz.

Bisher wird noch keine Methode angewendet, die es gestattet, die vertikale Ozonverteilung unterhalb von etwa 21 km Höhe aus Satellitenstrahlungsmessungen abzuleiten. Da auch die Höhenauflösung der SBUV-Messungen und der bodengebundenen Umkehrmessungen gering ist, sind Ozonsondierungen mit ballongetragenen Ozonsonden an den rund 15 existierenden Stationen eine noch unentbehrliche Methode der Datengewinnung.

Im Meteorologischen Dienst der DDR werden im Observatorium Lindenberg im Bezirk Frankfurt/Oder seit Ende 1974 ein- bis dreimal wöchentlich elektrochemische Ozonsonden mit Ballonen gestartet, um die Ozonverteilung vom Erdboden bis zur Höhe des Platzpunktes des Ballons (30–35 km) zu messen (Abb. 62). Seit 1985 werden durch den Meteorologischen Dienst der DDR auch regelmäßig Ozonsonden an der Antarktis-Station „Georg Forster" (70° S) gestartet. Diese Sondierungen erlauben es, die Variation der Ozonverteilung insbesondere in der Periode der Umstellung vom Polarwinter auf Frühjahrsbedingungen genau zu verfolgen (Abb. 63).

Eine moderne Methode zur Messung der vertikalen Ozonverteilung vom Erdboden bis zu etwa 50 km Höhe ist die *Lidar* (Light detection and ranging)-*Methode*. Sehr scharf gebündelte Laserstrahlen werden im ultravioletten Spektralbereich in die Atmosphäre gesandt. Die Laserimpulse werden von den Ozonmolekülen teilweise verschluckt und teilweise von den Luftmolekülen und Aerosolteilchen nach allen Richtungen hin gestreut. Am Erdboden wird die rückgestreute Strahlung mit einer Parabolantenne aufgefangen. Aus der Laufzeit und der Stärke des gemessenen Rückstreusignals kann die vertikale Ozonverteilung mit einer Höhenauflösung zwischen 200 m und 5 km und mit hoher zeitlicher Auflösung bestimmt werden. Mit diesem Meßverfahren arbeitende Anlagen befinden sich bereits in Haute Provence (44° N, 6° E) in Frankreich, am Observatorium Hohenpeißenberg in der BRD sowie in der UdSSR.

Eine Neuentwicklung eines Meßgerätes zur Gesamtozonmessung ist das nach einem seiner Erfinder A. W. Brewer und D. I. Wardle benannte *Brewer-Spektrometer*. Dieses Gerät ist wie das Dobson-Spektrophotometer vor allem für bodengebundene

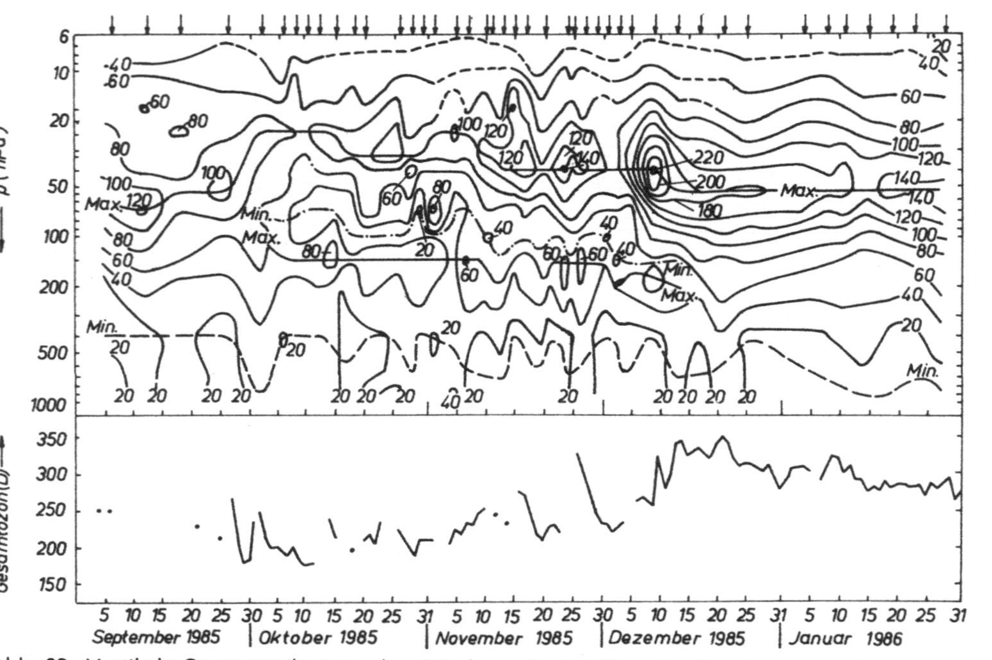

Abb. 63. Vertikale Ozonverteilung in nbar (10 nbar = 1 mPa) über der Antarktisstation der DDR „Georg Forster" (70° 46' S, 11° 50' E, 111 m ü. NN) von September 1985 bis Februar 1986
Die Pfeile zeigen die Sondierungstermine

Messungen vorgesehen. Entsprechend umgebaute Geräte wurden auch schon bei unbemannten Ballonflügen eingesetzt. Das Brewer-Spektrometer mißt wie das Dobson-Spektrophotometer die ultraviolette Sonnenstrahlung in schmalen Spektralintervallen. Das Gerät ist komfortabler als das Dobson-Gerät, denn an das Brewer-Spektrometer wurde ein Kleinrechner zur automatischen Sonnennachführung, Eichung mittels Standardlampen und Auswertung der Messungen sowie Datenspeicherung angeschlossen (Abb. 64). Geräte dieses Typs sind bereits an einigen Ozonstationen eingesetzt. Weitere Vorteile des Brewer-Spektrometers sind, daß mit ihm auch Messungen des Gesamtgehaltes von Schwefeldioxid (SO_2), später auch Stickstoffdioxid (NO_2) und der spektralen Verteilung der biologisch wirksamen UVB-Strahlung möglich sind. Gerade die letztgenannten Messungen sind im globalen Maßstab rar, obwohl von der WMO bereits 1977 vorgeschlagen wurde, die für die Biosphäre bedeutsame UV-Strahlung an Ozonmeßstationen zu erfassen. Im Meteorologischen Dienst der DDR werden seit 1985 Messungen der Gesamt-UV-Strahlung durchgeführt (Abb. 65).
Einen schematischen Überblick über die direkten und indirekten Methoden zur Überwachung des atmosphärischen Ozongehaltes gibt Abb. 66.

Abb. 64. Brewer-Spektrometer zur Messung der UVB-Strahlung der Sonne und des atmosphärischen Gesamtozongehaltes am Meteorologischen Hauptobservatorium Potsdam

Abb. 65. Geräte zur Messung der ultravioletten Sonnenstrahlung am Meteorologischen Hauptobservatorium Potsdam

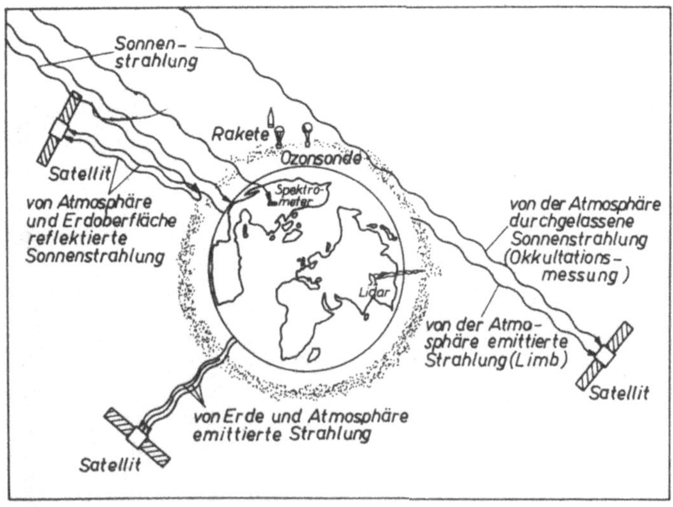

Abb. 66. Globales Ozonbeobachtungssystem
Die Größenverhältnisse sind zur besseren Anschaulichkeit nicht maßstabsgerecht dargestellt. Während beispielsweise der Erddurchmesser 12740 km beträgt, befindet sich mehr als 99 % des atmosphärischen Ozons unter 50 km Höhe, und die polumlaufenden Satelliten bewegen sich in Höhen von einigen hundert Kilometern um die Erde

7.2. Künftige Entwicklungen bei der weltweiten Ozonüberwachung

Trotz vieler Fortschritte, die in den letzten Jahren bei der Entwicklung von modernen Methoden zur direkten oder indirekten Überwachung der Konzentration von Spurengasen in Erdbodennähe und in der freien Atmosphäre gemacht wurden, befindet sich dieses Gebiet noch am Beginn seiner Entwicklung. Die schon existierenden Methoden und Komponenten des Globalen Ozonüberwachungssystems wie direkte und indirekte Messungen in Erdbodennähe, Vertikalsondierungen mit Hilfe von Ballonen, Raketen und Flugzeugen sowie indirekte Sondierungen mit Satelliten müssen künftig weiter vervollkommnet und durch neue Techniken ergänzt werden. Breiteren Raum wird sicherlich die komplexe, gleichzeitige Erfassung verschiedener Spurengase einnehmen. Immer mehr Aufmerksamkeit wird der Erforschung der luftchemischen Prozesse im untersten Stockwerk der Atmosphäre, der Troposphäre, gewidmet. Für die Erfassung der Zusammensetzung der Luft in der mittleren Atmosphäre wird sicherlich die direkte Messung durch Luftprobennahme mittels Raketen und Ballonen und die nachfolgende Analyse der Zusammensetzung der Proben im Labor mittels physikalisch-chemischer Verfahren (Massenspektrometrie, Gaschromatographie, Flammenionisationsdetektoren u. a.) weiterhin eingesetzt werden. Für die Messung der vertikalen Ozonverteilung gewinnen zunehmend neue Methoden an Bedeutung, weil die ballongetragenen elektrochemischen Ozonsonden nur bis zu einer Höhe von 30–35 km arbeiten können. Eine vielversprechende physikalische Meßmethode, die genaue Meßwerte bis in große Höhen zu liefern vermag, ist die photometrische In-situ-Ozonmessung. Bei den nach dieser Methode arbeitenden Meßgeräten wird die Außenluft mit einer kleinen Pumpe in eine Meßzelle befördert, an deren einem Ende eine Spektrallampe angebracht ist, die UV-Strahlung im Zentrum der Ozonabsorptionsbande (Hartley-Bande) aussendet. Am anderen Ende der Meßzelle befindet sich der Strahlungsempfänger, z. B. eine Photozelle, die die durch das Ozon geschwächte Strahlung aufnimmt. Aus der gemessenen Strahlung läßt sich der Ozongehalt in der Meßzelle berechnen. Nach diesem Prinzip arbeitende Meßgeräte wurden schon auf speziellen Hochaufstiegsballonen bis in 40 km Höhe, wo der Luftdruck nur noch 3/1 000 des Drucks in Erdbodennähe beträgt, erfolgreich eingesetzt. Leider ist das Verfahren noch zu kostspielig, um es für Routinemessungen anwenden zu können.

Ein kostengünstigeres direktes Meßverfahren, mit dem ebenfalls Ozonmessungen in großen Höhen durchgeführt werden können, ist die Chemilumineszenz-Methode (s. Abschn. 1.4).

Bei den Verfahren der indirekten Sondierung der Atmosphäre könnte die Lidar-Methode eine der Hauptmethoden zur Bestimmung der vertikalen Ozonverteilung sowie der Verteilung anderer Spurengase und des Aerosols werden. Neben dieser Art der aktiven Sondierung der Atmosphäre (es wird ein Signal ausgesendet und wieder empfangen) ist die passive Sondierung der Atmosphäre im Mikrowellenbereich, bei der die Eigenstrahlung der Atmosphäre in schmalbandigen Spektralintervallen im Bereich von 10–300 GHz (30–1 mm) gemessen wird, eine zukunftsträchtige Methode. Auch mit dieser Methode lassen sich die vertikalen Verteilungen anderer Spurengase messen, und sie ist ebenso wie die Lidar-Methode nicht nur vom Boden aus, sondern von Ballonen, Flugzeugen und Satelliten aus einsetzbar. Die Satellitenmessungen werden künftig eine unverzichtbare Komponente des Globalen Ozonüberwachungssystems und der Kontrolle der Konzentration anderer Spurengase darstellen. Mit den polar in wenigen hundert Kilometer Höhe umlaufenden Satelliten, die zweimal täglich jeden Punkt der Erde mit Messungen überstreifen können, werden praktisch „Spotmessungen" durchgeführt. Um eine zeitlich noch höhere Auflösung zu erreichen, wurde vorgeschlagen, Meßgeräte auf mehreren geostationären Satelliten zu installieren, die in rund 36 000 km Höhe über der Erdoberfläche für einen Beobachter auf der Erde „ortsfest" erscheinen, d. h. mit der Erde rotieren. Diese Messungen würden es gestatten, von tropischen Gebieten bis in mittlere geographische Breiten beider Halbkugeln Darstellungen der Ozonvariationen zu erhalten, wie wir sie von den Wolkenbildern aus Satellitenmessungen kennen, die täglich im Fernsehen zu verfolgen sind.

Nicht nur die zeitliche Auflösung der aus Satellitenmessungen abgeleiteten Ozonprofile soll gesteigert werden, sondern auch ihre räumliche Auflösung. Man rechnet damit, daß die vertikale Auflösung der SBUV-Ozonprofile von 8–10 km durch Anwendung einer Limb-BUV-Methode mit Meßkanälen im sichtbaren Bereich der Chappuis-Bande und im Ultraviolettbereich (Hartley-Bande) auf etwa 3 km verbessert werden kann. Dabei wird in Limbgeometrie, d. h. tangential zur Erdoberfläche, die von der Atmosphäre gestreute Strahlung der Sonne gemessen. Zwei neue Satellitenexperimente werden darüber hinaus zur Vervollkommnung der Kenntnisse über die räumliche und zeitliche Va-

riabilität der Zusammensetzung der mittleren Atmosphäre beitragen. Im Rahmen des Projekts *ATMOS* (**A**tmospheric **T**race **M**olecule **S**pectroscopy) umrundete im Mai 1985 mit dem Space Shuttle ein Michelson-Interferometer in 350 km Höhe die Erde. Aus den spektral hochaufgelösten (0,01 cm^{-1}) Messungen der Sonnenstrahlung im Infrarotbereich (2–16 µm) wurde die vertikale Verteilung von 42 Gasen im Höhenbereich von minimal 16 km bis maximal 350 km mit einer Höhenauflösung von maximal 2 km abgeleitet. Zu den betreffenden Gasen gehörten neben Ozon, Wasserdampf, Kohlendioxid, Kohlenmonoxid und Methan auch Komponenten der Stickoxide (NO_x), Wasserstoffverbindungen (HO_x), Chlorverbindungen (ClO_x), Kohlenwasserstoffe und Schwefelverbindungen. Weitere Flüge des Space Shuttle zur Messung der Konzentration dieser Gase sind vorgesehen. Der Start des *UARS*, des Upper Atmospheric Research Satellite, ist für Herbst 1989 geplant. Mit diesem Satelliten, dessen Operationsdauer 2 Jahre betragen soll, werden in etwa 600 km Flughöhe mehrere Meßgeräte zur indirekten Sondierung der Struktur und Zusammensetzung der Atmosphäre im Höhenbereich von 10–100 km die Erde umrunden. Zu den Meßgeräten des Satelliten werden Spektrometer und Radiometer gehören, die in Limbgeometrie die Eigenstrahlung der Atmosphäre im Infrarotbereich oder im Mikrowellenbereich messen oder die tangential die durch die Erde rückgestreute Sonnenstrahlung erfassen.
Nicht nur die mittlere Atmosphäre wird das Gebiet künftiger Meßexperimente und Forschungsaktivitäten sein. Neue Techniken zur indirekten Sondierung der Troposphäre (0–10 km) vom Satelliten aus sind bisher nicht eingesetzt worden. Gerade dieser Bereich steht in unmittelbarem Zusammenhang mit dem Lebensraum des Menschen. Die Entwicklung und Anwendung indirekter Sondierungsverfahren zur globalen Überwachung der Troposphäre ist deshalb von immenser Bedeutung, sie ist eine Herausforderung für die auf diesem Gebiet tätigen Wissenschaftler und Ingenieure.
Besondere Beachtung wird künftig der Überwachung der Luftzusammensetzung in Erdbodennähe und in der bis etwa 1,5 km Höhe reichenden planetaren Grenzschicht beigemessen werden. Die Untersuchung und Überwachung der Stoffflüsse zwischen den Medien Erdboden, Wasser und Luft wird immer stärker zur Aufgabe der komplexen Umweltüberwachung. Dabei werden auch der Zustand und die Reaktionen der Pflanzen- und Tierwelt in die Überwachung einbezogen. Zum Zwecke der Überwachung der Luftzusammensetzung wurde von der Meteo-

rologischen Weltorganisation das sog. *BAPMoN* (**B**ackground **A**ir **P**ollution **Mo**nitoring **N**etwork) gegründet. Die Messungen der Konzentrationen von Spurengasen, der Zusammensetzung des Niederschlags und der Lufttrübung, die an 200–300 den nationalen meteorologischen Diensten zugehörigen BAPMoN-Stationen durchgeführt werden, gehen in internationale Datenzentren ein und werden analysiert, um anthropogene Einflüsse auf die Atmosphäre, die nicht durch lokale Verunreinigungen bedingt sind, erkennen zu können. Andere Programme sind der Untersuchung der speziellen Wirkungen der Änderung der Luftzusammensetzung gewidmet. So wurde durch die WMO das *Weltklimaforschungsprogramm* ins Leben gerufen, das neben anderen Zielen auch zur Erweiterung der Kenntnisse über die Folgen der zunehmenden Konzentration des CO_2 und von Spurengasen für das Klima beitragen soll.

Zur intensiven Erforschung und Überwachung bestimmter Prozesse und zur internationalen Lösung von Umweltproblemen wurden eine Reihe von internationalen Vereinbarungen getroffen. Ein Beispiel dafür ist die auf dem Gesamteuropäischen Umweltkongreß im November 1979 im Rahmen der Wirtschaftskommission für Europa (ECE) geschlossene *Konvention über weitreichende grenzüberschreitende Luftverunreinigungen*, die von den meisten europäischen Staaten sowie von Kanada und den USA unterzeichnet wurde. Als Bestandteil der Arbeit zur Erfüllung dieser Konvention wird ein Programm der Zusammenarbeit bei der Überwachung und Bewertung der weitreichenden Ausbreitung von luftverunreinigenden Stoffen in Europa (EMEP) realisiert. Ziel dieses Programms ist die Überwachung der Emission, der großräumigen Ausbreitung, der Konzentration und der Ablagerung von Luftverunreinigungen und die Untersuchung ihrer Einflüsse auf Ökosysteme. In dem im November 1988 im Rahmen dieser Konvention verabschiedeten Protokoll über die Kontrolle der Emission und des grenzüberschreitenden Transports von Stickoxiden sind Maßnahmen festgelegt, die Emission von Stickoxiden zunächst bis Mitte der 90er Jahre zu begrenzen bzw. möglichst zu reduzieren. Dieses Protokoll wurde 1988 von 26 Staaten, darunter der DDR, unterzeichnet. Eine weitere Konvention, die speziell dem Ozonhaushalt gewidmet ist, wurde im Rahmen des Umweltprogramms der Vereinten Nationen (UNEP) im März 1985 in Wien unterzeichnet – die *Konvention zum Schutz der Ozonschicht*. Die Unterzeichner dieser Konvention verpflichten sich, die Erforschung der anthropogenen Beeinflussung des atmosphärischen Ozons und der möglichen Konsequenzen einer Änderung des Ozongehaltes auf die Umwelt voranzutreiben. Konkrete Maßnahmen zur Reduzierung der Produktion bzw. Emission von bestimmten Spurengasen, die als besonders „ozonfeindlich" eingestuft wurden, sind in einem im September 1987 in Montreal unterzeichneten Zusatzprotokoll zur Konvention verbindlich festgelegt. In diesem Protokoll verpflichten sich die Unterzeichnerstaaten, zu denen auch die DDR gehört, die Produktion bzw. den Gebrauch bestimmter Fluorchlorkohlenstoffverbindungen bis zum Jahre 1993 auf dem Niveau von 1986 einzufrieren und in den folgenden Jahren auf 80 % (ab 1993) und auf 50 % (ab 1999) zu reduzieren. Zu den betroffenen Stoffen gehören zunächst die Verbindungen F-11, F-12, F-113, F-114 ($CCIF_2 \, CCIF_2$), F-115, bezüglich des Einfrierens der Produktion auch Halon 1211, Halon 1301 und Halon 2402 ($C_2F_4Br_2$). Auch die Beschränkung des Imports und Exports für diese Stoffe und Produkte, die diese Stoffe enthalten, ist in dem Protokoll verankert. Damit steht vor den Wissenschaftlern, Ingenieuren und Technologen die Aufgabe, chemische Verbindungen zu finden, die anstelle der ozonzerstörenden Stoffe eingesetzt werden können, oder andere technische Lösungen zu entwickeln, durch die die Produktion der ozonzerstörenden Stoffe überflüssig wird. So können als Treibgase in Spraydosen anstelle des bisher verwendeten F-11 beispielsweise Propan, Butan und Isobutan und bei speziellen Anwendungen auch CO_2, N_2O oder Preßluft eingesetzt werden, wenn bei der Herstellung der Spraydosen wegen der teilweise größeren Explosionsgefahr zusätzliche Sicherheitsvorkehrungen getroffen werden. In der DDR werden beispielsweise in etwa 50 % der Spraydosen Treibgase eingesetzt, die den Ozonhaushalt nicht beeinflussen. In vielen Fällen bieten sich auch andere geeignete Lösungen wie Roller anstelle von Deosprays, mechanische Zerstäuber und Druckluft als Treibmittel an. Nur in wenigen Fällen, beispielsweise bei bestimmten medizinischen Sprays, wird man auf die Anwendung von F-11 zunächst nicht verzichten können. Bei Kälte- und Klimaanlagen werden bereits in einigen Ländern anstelle des ozonschädigenden Kältemittels F-12 andere Stoffe wie der teilhalogenierte (enthält ein Wasserstoffatom) FCKW F-22 ($CHCIF_2$) verwendet, der bereits zu 95 % in der unteren Atmosphäre abgebaut wird und deshalb die Ozonschicht in der mittleren Atmosphäre weniger gefährdet. Als Möglichkeit bietet sich auch F-502 an, das als Gemisch aus F-22 und F-115 ($CCIF_2CF_3$) allerdings immer noch ein Ozonzerstörungspotential von 23 % in bezug auf F-11 besitzt. Wegen einiger Nachteile dieser Ersatzstoffe — sie erfordern einen höheren Verflüssigungsdruck und deshalb höhere Wandstärken im Kühlsystem und reagieren mit Kupfer — sucht man nach anderen Kühlmitteln. Potentielle Kandidaten wie F-124 (CHClF-CF$_3$), F-227 (CF$_3$-CHF-CF$_3$) und F-134a (CH$_2$F-CF$_3$) sind allerdings noch nicht genügend auf ihre Toxizität hin untersucht. Eine wichtige zusätzliche Maßnahme zur Emissionsbeschränkung werden geschlossene Kreisläufe darstellen, indem aus den verschrotteten Kühlanlagen und Kühlschränken das Kühlmittel abgesaugt und wieder aufbereitet wird. Die größte Herausforderung an Wissenschaft und Technik in diesem Bereich stellt sicherlich die Suche nach Ersatzstoffen für das bisher als Treibmittel in der Weich- und Hartschaumherstellung verwendete F-11 dar. Während das Treibmittel bei der Weichschaumherstellung nach dem Aufschäumen entweicht und durch Luft ersetzt wird, bleibt es im Hartschaum in den kleinen Gasbläschen zunächst eingeschlossen und wird erst langsam durch Diffusion und endgültig durch Zerstörung des Stoffs völlig freigesetzt. Möglichkeiten bieten sich durch Auffangen des Treibgases im Produktionsprozeß oder in der Ablösung von F-11 und F-12 bei der Polyurethanherstellung durch F-133a (CH$_2$Cl-CF$_3$), F-123 (CHCl$_2$-CF$_3$) und F-226 (CHF$_2$-CF$_2$-CClF$_2$). Allerdings ist die Anwendbarkeit dieser Ersatzstoffe noch in umfangreichen Prüfverfahren zu bestätigen. Eine in jedem Anwendungsbereich vernünftige, zusätzliche Maßnahme ist die Schaffung geschlossener Kreisläufe, weil dadurch auch andere Wirkungen vermieden werden — beispielsweise die Klimawirkung —, die auch durch das Freilassen der das Ozon nicht oder nur wenig angreifenden Stoffe entstehen.

Es ist nicht ausgeschlossen, daß künftig weitere internationale Konventionen über die Verhinderung nachteiliger Folgen von Emissionen bestimmter Gase ausgearbeitet werden. Denkbar wären beispielsweise Vereinbarungen über die Reduzierung des Ausstoßes von Stickoxiden und Kohlenwasserstoffen. Eine günstige Ausgangsposition für den Abschluß solcher Vereinbarungen, die auf den Schutz und die Erhaltung unserer natürlichen Umwelt gerichtet sind, werden solche Wirtschaftszweige erlangen, die weitsichtig durch gezielte Forschung an der Entwicklung abproduktarmer oder abproduktfreier Technologien zur Energienutzung und zur Produktion in Industrie und Landwirtschaft arbeiten. Die wenigen angeführten Beispiele mögen verdeutlichen, daß das Problem der Überwachung der Konzentration des Ozonhaushaltes und der Untersuchung des Einflusses

148

des Ozons auf Biosphäre und Klima eingebunden ist in die Untersuchung der in der Atmosphäre ablaufenden physikalischen und chemischen Prozesse und daß der Erforschung dieser Prozesse international große Beachtung geschenkt wird. Die Lösung all dieser Probleme erfordert komplexe Untersuchungen unter Einbeziehung verschiedener Bereiche der Naturwissenschaften wie der Physik, der Chemie, der Mathematik und Biologie, und sie erfordert eine Überwachung des Zustandes und der Veränderungen der Umwelt. Der globale Charakter der Ozonproblematik und die Kompliziertheit der Aufgaben machen die internationale Zusammenarbeit bei der Lösung der Probleme zu einer Notwendigkeit. Ein schneller Gewinn von neuen Kenntnissen ist von entscheidender Bedeutung, weil die Kenntnisse und Entscheidungen von heute die Lebensqualität der Menschen von morgen bestimmen. Die Entwicklung der Wissenschaft und Technik und die massenhafte Anwendung der technischen Errungenschaften haben eine Reihe von nachteiligen Folgen für die Umwelt des Menschen mit sich gebracht. Doch Wissenschaft und Technik sind zugleich der Schlüssel zur Lösung dieser Probleme.

Anhang

Umrechnung von Maßeinheiten des Ozons

$$1 \text{ Dobson} = 1 \text{ D} = 1 \text{ m} \cdot \text{atm-cm} = 2{,}1415 \; \mu g \cdot cm^{-2}$$
$$= 2{,}6868 \cdot 10^{16} \; cm^{-2}$$

Zu Ehren des Pioniers der Ozonmessung wird der Gesamtozongehalt in Dobson (Kurzzeichen D) angegeben. 1 D entspricht 1 m · atm-cm, das ist eine Schicht reinen Ozons unter Normbedingungen der Temperatur 0 °C (273,15 K) und des Drucks von 1013,25 hPa von 0,01 mm Dicke.
Unter diesen Normbedingungen gelten weiterhin folgende Umrechnungen:
$$1 \text{ ppb} \;\; (v) = 10^{-9} \;\; \text{Volumenanteile} = 1 \; cm^3 \cdot m^{-3} = 1{,}657 \text{ ppb} \;\; (m)$$
$$= 1{,}657 \cdot 10^{-9} \; \text{Massenanteile} = 1{,}657 \; \mu g \cdot kg^{-1}$$
$$= 2{,}1415 \; \mu g \cdot m^{-3} = 0{,}101325 \text{ mPa} = 0{,}1 \text{ m} \cdot \text{atm-cm/km}.$$
Die Abkürzung ppb stammt von parts per billion. Im Text ist bei der Angabe ppb immer das auf das Volumen bezogene Volumenmischungsverhältnis gemeint. Weitere häufig für Spurengasmessungen gebrauchte Einheiten sind ppm (parts per million = 10^{-6} Volumenanteile) und ppt (parts per trillion = 10^{-12} Volumenanteile).
In der Stratosphäre erreicht das Mischungsverhältnis Ozon/Luft maximal etwa 10 ppm (v), d. h., in 1 m^3 Luft sind 10 cm^3 Ozon enthalten. Die Ozonkonzentration in Erdbodennähe erreicht Konzentrationswerte von 20–30 ppb (v), das sind etwa 40–60 $\mu g \cdot m^{-3}$.

Literatur

Autorenkollektiv: ABC Meteorologie. Leipzig: Brockhaus-Verlag (in Vorbereitung).

Fabian, C.: Atmosphäre und Umwelt. Chemische Prozesse, menschliche Eingriffe; Ozonschicht, Luftverschmutzung, Smog, saurer Regen. Berlin, Heidelberg, New York, Tokio: Springer 1984.

Feister, U.: Zum Stand der Erforschung des atmosphärischen Ozons. Abh. des Meteorologischen Dienstes der DDR **26** (1985).

Lender, K.: Das atmosphärische Ozon, nach Messungen in Marienbad, Kissingen, Mentone, Meran und Wiesbaden. Berlin: Reimser, Separat-Abdruck aus Goeschens „Deutscher Klinik" 1873, Teil 2.

Sonnemann, G.: Ist unsere Atmosphäre noch im Gleichgewicht? Leipzig, Jena, Berlin: URANIA-Verlag 1986.

Bildquellen

Zerefos, G. S., u. A. Ghazi (Ed.), „Atmospheric Ozone". Dordrecht: D. Reidel Publishing Comp. 1985: Abb. 3 (E. G. Mariolopoulos u. a.), 25 (M. P. McCormick u. a.), 48 (H. U. Dütsch); Prinz, B., H.-M. Krause u. K.-D. Jung in „Waldschäden — Theorie und Praxis auf der Suche nach Antworten". München, Wien: R. Oldenbourg Verlag 1985: Abb. 19; Karol, I. L., W. W. Rosanow u. Ju. M. Timofejew, „Gasowyje primesi w atmosfere". Leningrad: Gidrometeoisdat 1983: Abb. 21; „The photochemistry of atmospheres, Earth and the other Planets and Comets". Orlando: Academic Press Inc. 1985: Abb. 22 (R. P. Turco), 36 (W. R. Kuhn); Rowland, F. S., u. I. S. A. Isaksen (Ed.), „The Changing Atmosphere". New York: John Wiley & Sons 1988: Abb. 52 (R. S. Stolarski)

G. I. POKROWSKI

Explosion und Sprengung

Übersetzung aus dem Russischen: P. Schulze, Leipzig
Wissenschaftliche Redaktion: W. Klottka, Leipzig

Kleine Naturwissenschaftliche Bibliothek, Band 59

180 Seiten mit 56 Abbildungen
Kartoniert DDR 9,80 M; Ausland 9,80 DM
Bestell-Nr. 666 260 8   Bestellwort: Pokrowski, Explosion

Ständig laufen in der Natur Explosionen ab. Da gibt es Explosionen weit entfernter Sterne und Galaxien, auf der Sonne, in der Atmosphäre und bei Vulkanausbrüchen. Manche haben riesige Ausmaße, andere wiederum sind kaum zu bemerken. Explosionen können zerstören, sie können aber auch gezielt angewendet werden, um etwas zu bauen: z. B. Staudämme, wie der Autor es an zwei eindrucksvollen Beispielen zu zeigen vermag. Professor Pokrowski bemüht sich, dem Leser auf leichtverständliche Art die physikalischen Grundlagen der Explosion zu vermitteln und ihre vielseitige, nutzbringende Anwendung in der Sprengtechnik nahezubringen.

VERLAG MIR, MOSKAU
BSB B. G. TEUBNER VERLAGSGESELLSCHAFT, LEIPZIG

BSB B.G. TEUBNER VERLAGSGESELLSCHAFT · LEIPZIG